无穷小的巨人

[英] 彼得·福布斯 Peter Forbes

[英] 汤姆·格里姆塞 Tom Grimsey

爱德华多·卡克用一种水母的生物
发光基因培育出来的荧光绿兔子

湖南科学技术出版社

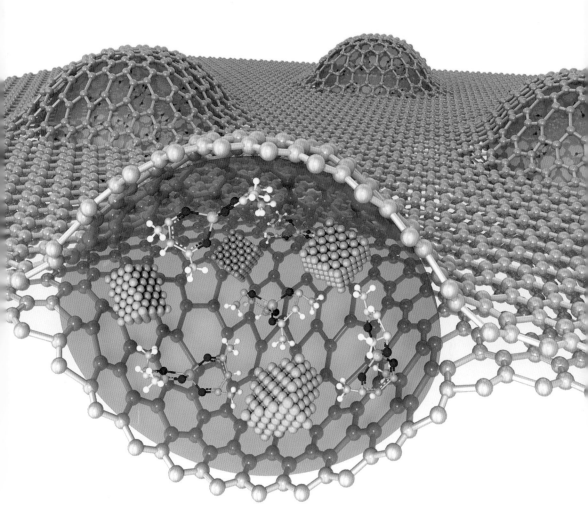

两片石墨烯可被用来捕获不可渗透但透明的囊泡中的液滴。科学家现在已经能细致地观察天然液态环境中的活生物分子了，这意味着显微镜学正在经历一次革命性的巨变。通过使用世界上分辨率最高的显微镜——劳伦斯伯克利国家实验室的透射式电子显微镜——科学家甚至已经用影像记录下了胶态铂纳米晶体的实时生长

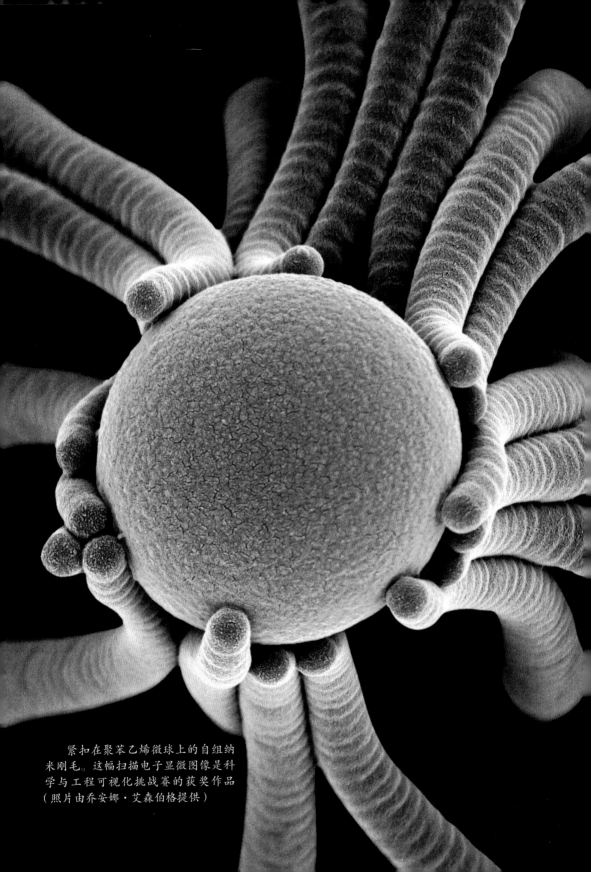

紧扣在聚苯乙烯微球上的自组纳米刚毛。这幅扫描电子显微图像是科学与工程可视化挑战赛的获奖作品（照片由乔安娜·艾森伯格提供）

目　录

第 1 章　巨大的小空间

一套生物系统可以非常地小。很多细胞很微小，却很活跃。它们会制造各种各样的物质，会四处移动，会来回摆动，还会做大量令人惊奇的事情，而这一切全都是在很小的尺度上发生的。此外，它们还会储存信息。考虑一下一种可能，这就是我们同样能制造一种非常小，但能按我们的意愿行事的东西，制造一种会在那个尺度上机动的物体！

——理查德·费曼，"底部有大量的空间"[1]

---

[1] There's Plenty of Room at the Bottom.

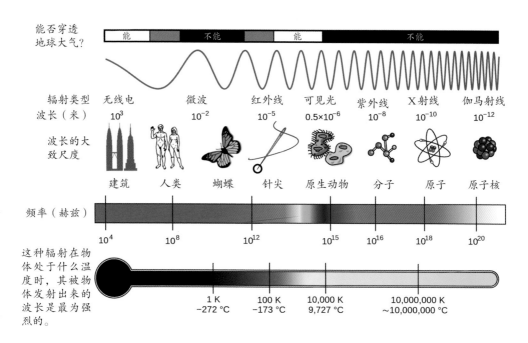

电磁波谱。我们的眼睛只能接受波长为 380～740 纳米的可见光谱。一些昆虫可以看见波长更短的紫外线波段，而一些爬行动物可以看见波长更长的红外线波段。由于大分子只有几纳米宽，所以光学放大永远不会使它们可见

伟大的物理学家理查德·费曼在他1959年的演讲"底部有大量的空间"中介绍了纳米科学的潜力。他有一种将复杂的科学解释给最为广泛的受众听的杰出天赋

1992年，霍华德·卡特冲进了法老图坦卡蒙的陵墓，同时也进入了一个如梦如幻的洞穴，一座最为奢华的宝库。科学家有时也会意外地发现类似的新领域，但其中的宝藏并不是一眼就能看到的。1887年，德国物理学家海因里希·赫兹发现电可以产生与光相似，但具有一种不同波长的波。时至今日，每本物理教科书都会展示完整的电磁波谱，而这其中只有极小一部分——可见光谱——是我们可以察觉到的，但这个新的领域已经给我们带来了无线电、电视、移动通信、计算机和互联网的奇迹。

1959年，伟大的物理学家理查德·费曼开启了另一扇通向未知的大门，不过这么说或许不太正确，因为费曼在这里并不是探索者，而是探索的预言者。同年12月29日，他在加利福尼亚理工学院做了一次题为"底部有大量的空间"的极具前瞻性的演讲。费曼有一种天赋，这就是他能以一种大胆而睿智的方式来阐明科学，他有力而贴近实际的论述，能让人觉得最复杂的物理现象似乎至少是可以理解的，即使并不容易。

费曼在这里的意思，是存在着一个蕴含着复杂的工程学的奇迹的物质尺度，而这个尺度就介于我们在概念上熟悉但又微小到不可见的一般化学分子和通过最强大的光学显微镜可以看见的活细胞之间。此外，费曼相信"既然大自然可以做到，那工程师同样可以在那个尺度上通过操作来创造奇迹"。

要理解费曼所说的那个领域的尺度，那就想一想原子本身。剧作家汤姆·斯托帕德赋予了最简单的原子——氢[①]——一个生动的形象：如果你在圣保罗大教堂穹顶的中心握紧一个拳头，那这个拳头便是原子核，穹顶则相当于这个原子的外部边界，而这个原子含有的单个电子就是一只在穹顶内振翅而飞的飞蛾。中等大小的有机分子——例如葡萄糖（比氢原子大得多）——和一个普通的活细胞之间存在着一个很大的间隙，而这个间隙在尺度上只比原子核和电子层之间的间隙稍小一点，但因为这个间隙位于原子之中，所以它并不是空的。那里存在着超螺旋绳，复杂的小型机器，甚至是迷你电动机，而细胞内部的这些机件就像是一座管道错综复杂的巨型石化工厂，只不过是一种微缩版本。这就是费曼力劝

[①] 一个氢原子大约是它原子核的10万倍大，而一个动物细胞差不多是一个葡萄糖分子的10000～50000倍大。

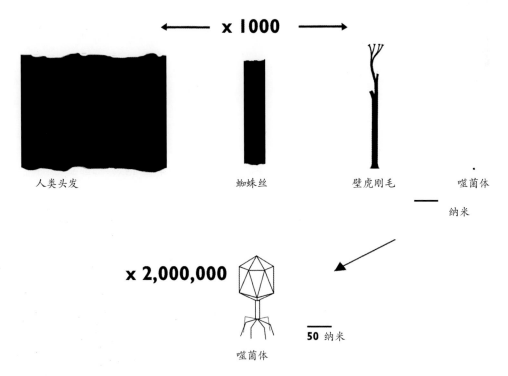

x 1000

人类头发　　　　　　　蜘蛛丝　　　　　壁虎刚毛　　噬菌体

纳米

x 2,000,000

50 纳米

噬菌体

纳米领域的巨大跨度。如果人眼可见的最纤细的东西是一缕蜘蛛丝，那T4噬菌体——一种迷你登月舱——精致的结构是这的两百万分之一。

工程师进入并展开工作的新领域——纳米领域。

费曼是从生命体中得到启示的，因为生命体具有已知会产生作用的纳米系统，但纳米技术得以实现的首个领域是以集成电路片为形式的计算机。费曼曾预言：

为什么我们不能把它们（晶体管）制造得很小，用小金属丝、小元件来制造它们——逐步把它们制造得更小。比如说，金属线的直径应该是10个或100个原子，而电路的直径应该为几千埃①。

当然，这个预言是极为成功的，而且微型化的进程仍在持续，但纳米科学所做的，远不止是赋予我们以智能化的小装置，它正在将我们带向生命的起点——具有精准纳米结构的化学物质呈现出生命特性的那一刻。一切物质都源于三维运算，无论是结晶结构，例如沸石、蛋白石、准晶体，还是碳化学物质如过山车般的链和环，例如DNA、肌肉蛋白、携氧血红蛋白，抑或是像尼龙、聚乙烯和凯夫拉®这样的复合材料，以及诸如碳纳米管和石墨烯之类的新型纳米结构，全都具有几何结构。

纳米尺度是一个介于我们可以用一台光学显微镜看见的错综复杂的图形——比如说，

---

① 化学家、物理学家和晶体学家喜欢用埃（angstrom）这个单位。1埃是1/10纳米。埃是以瑞典物理学家安德斯·乔纳斯·埃斯特朗的名字命名的。

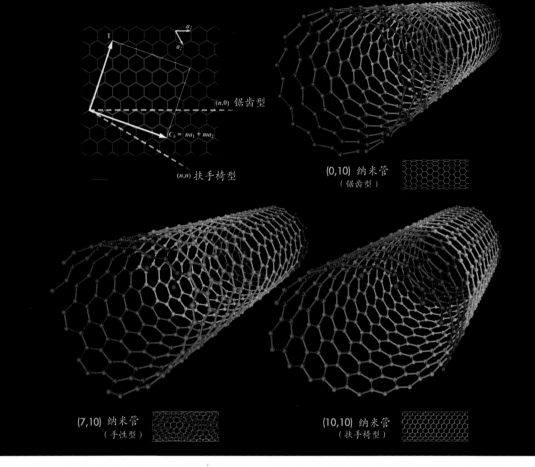

(0,10) 纳米管
（锯齿型）

(n,0) 锯齿型

$C_h = na_1 + ma_2$

(n,n) 扶手椅型

(7,10) 纳米管
（手性型）

(10,10) 纳米管
（扶手椅型）

　　碳纳米管。这些纳米结构是由碳原子的六边形阵列——从整体上组成了一种具有六边形网孔的铁丝网——所构成的。不同的卷曲方式——取决于转轴角度——可以让碳纳米管具备不同的特性

　　一只跳蚤身上微小的关节——和构成这只跳蚤细胞机件的小到几乎无法想象的原子之间的领域。纳米技术分为两类：将细微结构压印在硅片上的"自上而下"式和从原子着手来构建结构的"自下而上"式。原子是一组组对立的矛盾体，因为它们既是一块块的物质，可又是一团团的能量。爱因斯坦在外推热力学第一定律时宣称，能量等于质量和光速的平方的乘积，即$E=mc^2$，一个简洁得会永远让人觉得大胆而优美的观察结果。

　　这些数量巨大的能量汇聚在了一个会把一团狂乱的电子聚集起来，并竭尽全力地使这些电子保持在稳定的原子核中。日常世界中所有的物质转化都需要电子的交换。电子可以从原子中被剥离，然后去创造电流，去与其他的原子键合，去创造火、呼吸以及生命体和非生命体的所有化学过程。被装入一颗原子弹里少量原子的原子核中的能量，比一块有原子弹那么大的燃料块——例如达纳炸药——释放出来的化学能要大几百万倍，但纳米科学关心的是电子的交换，而原子能是原子核的能量，化学能才是电子的能量。

　　原子的直径介于0.1纳米和0.5纳米之间（1纳米是10亿分之1米）。当带正电的原子

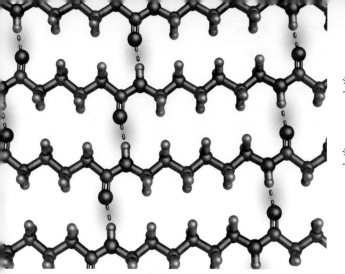

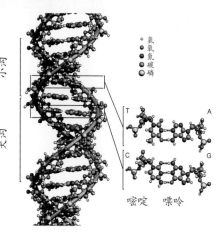

DNA的螺旋结构。将两条螺旋链连接在一起的梯级，是由互补碱基之间的氢键所形成的

尼龙是一种具有链间氢键的长链分子，其基于一种为天然蛋白质所共有的结构——酰胺键

核中的质子数量增多时，带负电的电子数量也会增多。尽管较大的原子会给予电子以更大的活动范围，但它们更强大的原子核会产生更大的引力来约束电子，所以原子不会变得太大，只会具有更高的密度。此外，连量子物理学家都感到困惑的是——如果他们是诚实的——电子会在突然间令人难以置信地遍布各处，所以每个原子中的电子都在不停推挤、牵引和旋转，而且在键合的原子间，电子还会不断地交换，然而在能量是如此混乱的情况下，每个原子同其他原子的键合方式永远都是精确且恒定的，而化学物质的迷人之处，恰恰是它们的组织：原子来到一起形成某样东西，正像是通向形成另一样东西的一个阶段，而那样东西又将通向另一个阶段，直至生命相互关联的复杂性汇聚在了一起。

以无处不在，但奇特的水分子（H_2O）为例：尽管水分子可以弯曲，但水分子中两个氢原子和氧原子的键角恰好是104.5°，而且它们离氧原子的距离永远都是0.957埃，全宇宙无一例外。这种特别的弯曲结构不仅让水变得独一无二，而且让水在生命中扮演了一个特殊的角色。绝大多数液体在降温和凝固的时候，它们的密度都会升高，水亦如此，但当温度一降到4℃时，水的键角便会进入结晶过程。伴着"咔哒咔哒的声响"，水会扩张为带有网状小孔的冰晶格。玻璃上的冰花之所以会创造出不同的图形，全因水分子单位的三维几何结构。

虽然宇宙中所有的水分子都是别无二致的，但冰晶却会呈现出千变万化的形状。这证明了一个重要的事实——纳米结构远比构成它们的简单分子要多变和复杂。托马斯·曼在《魔山》中是这样描绘漫天飘落并覆盖在大地上的雪花的：

在这些数之不尽的迷人的小星星中，没有哪一颗是相似于另一颗的。一种无穷无尽的创造力，支配了同一套基本系统的形成和令人难以置信的千差万别，而这套系统就是等边

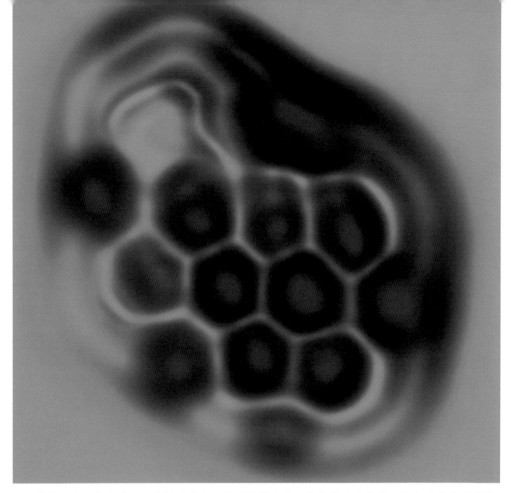

影像下的一个个原子。这幅原子力显微图像展示了一个构成了融合苯环的分子中的碳碳键，其首次揭示了我们在理论上早已知晓的分子中不同的键长。一台原子力显微镜之所以能看到原子，是因为它会用一个超细硅或高密度碳尖端来探测样本表面的电荷差。当这个尖端扫过一个样本时，它每秒钟会来来回回地扫描2000多次，以获得清晰的分辨率（照片由IBM苏黎世实验室提供）

和等角的六边形[1]。

水分子这种特别的扩张表现是独一无二的，而且在塑造我们的世界中扮演了一个重要角色。这不但给予了水分开岩石的力量，而且也解释了为何密度比水低的冰会结在池塘顶部，保护下方的水生生物。要是水分子没有这些特性，那生命就不可能在海洋中完成进化。

在我们这颗处于宜居带[2]的行星上，我们拥有大量处于三种分子状态下的水。地球的表面被笼罩在了海洋和天空蒸汽状的水中，而这些水像一颗跳动的心脏一样起起伏伏。固态

---

① 六边形是一种遍及所有长度尺度的首选形态，从仅仅具有6个碳原子的苯分子，到具有60个碳原子的巴基球、海生放射虫的六角矿物晶格和蜂巢的细胞，再到巨人堤道的岩柱和巴克敏斯特·富勒设计的建筑穹顶。
② 宜居带假说指出宇宙会为生命做出微调，因为如果宇宙中物质的各种物理常数只是略有不同，那生命的化学前体便不可能形成。一种可能的解释是存在多个具有不同特性的宇宙（多元宇宙）。当然，这并不是唯一一种解释。

水会给人留下非常深刻的印象，但作为一种液体，水是卓越的。水灵活且自信，对有些人来说，水是讨人喜欢的，而对另一些人来说，水是斗志昂扬，同时具备着不竭的创造力的。

在同空气紧密的友情中——在同空气接合处的一种结构性的弯液面上——水的表面会塑造出液滴的形态，而且能浮起"沉重"的昆虫。这种表面张力就是水分子的引力，因为液滴表面的水分子之间只有这种二维键合选择。在其他情况下，水扮演的角色往往是"最爱交际的聚会迷"，它们能轻轻松松地同形形色色的元素建立起简单的关系。不同于有机溶液，例如丙酮，水分子是带电的，因为氧和氢分别带有微量的负和正电，而这就解释了为何水既是一种优质的"万能"溶液，又是——对诸如血液、乳液、植物汁液和细胞质之类的复杂生命胶质来说——一种很好的介质。

几乎所有已知具有生命的东西，都是由极大比例的水所构成的（70%～80%）。水是复杂而又充满活力的生命进程发生的介质。生命进程的这种液态基础解释了为何早期的纳米思考者——例如设计出了稀奇古怪的机械纳米机器的埃里克·德雷克斯勒——的想法大多是不切实际的。德雷克斯勒是仅次于理查德·费曼的最著名的纳米技术

呈无数种六边形的冰晶证明了即使是氢和氧这般简单的组分，同样可以创造出具有惊人的多样性和复杂性的纳米结构

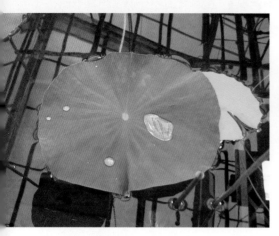

荷花效应——水滴会立在荷叶（学名为 Nelumbo nucifera）表面。由于无法附着在荷叶高度结构化的表面，水滴不仅会自行附着，而且会聚集其他的微粒，因此荷叶是自洁的

荷叶具有纳米结构的拒水表面，会与水滴的表面保持最低限度的接触

池水的弯液面足以让划蝽（学名为 Notonecta glauca）在其表面滑行。划蝽后足上的缘毛会抓住水面，所以它们并不是在水里游动，而是在水面行走

的早期预言者。他提出了一个像是用纳米乐高积木——比如说由一个个原子组装起来的冰冷的分子齿轮和发动机——堆积起来的世界，但他没有考虑到纳米领域黏性的流动性。

我们的价值体系是错误的。我们很珍视诸如黄金和金刚石之类的惰性物质，因为它们具有恒久的光泽。这些物质之所以可以一直光亮如新，是因为它们沉闷无趣的几何结构是超然离群的。它们不想加入化学物质间活泼有趣的相互作用，不想因此失去光泽，但在水分子把生命的要素协调地结合在一起的进程中，当水分子聚集在一起，以及同很多不同的伙伴相分离时，当水分子转动、折叠、计算，并重新配置成复杂的结构时，它们展现出来的随性而灵活的优雅性和令人惊叹的本领，却被我们认为是理所当然的。诗人菲利普·拉金认识到了水的卓越性：

如若我得到邀请

创立一种宗教

我应该会使用水

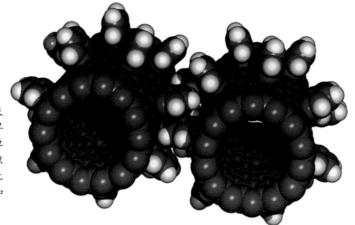

在对纳米技术的一种早期设想中，单独的原子可以在纳米尺度上创造出齿轮和其他装置

在所有已知的生命中，水和碳是形影不离的。如果我们轻视金刚石在结构上表现出来的坚韧性，那原因只会是碳的其他的几何表现形式给人留下更加深刻的印象。

为了获得稳定性，碳需要在多达四个方向上同其他原子（一般包括其他的碳原子）相键合。碳同少量的伙伴（主要是氢、氧、氮、磷和硫）在一瞬间形成的排列组合几乎是无限的，而且这些排列组合的特征还是截然不同的。以阿司匹林、咖啡因、亚甲二氧基甲基苯丙胺、可卡因、安非他命和尼古丁为例，虽然这些大小相似、成分相近的碳基小分子并没有生命，但它们可以同我们的生理功能产生相互作用，而且能对我们的健康造成严重的危害。

碳化合物是如此的广泛，而且对我们来说又是如此的重要，以至于它们具有自身专有的分类，以及一个会被贴在所有化学院系入口处的标签——"有机化学"。已知的化合物大概有6750万种，而碳化合物在其中所占的比例高达85%。如果说水是爱好交际的，那碳便是和三教九流的人都能打成一片的。

近些年来，我们已成功地用碳制造出了聚乙烯、乙烯基聚合物、聚碳酸酯、聚酰胺、聚丙烯、聚苯乙烯和其他的合成聚合物，而这些合成聚合物又各自具有不同的特性。

今天地球上的生命始于一个由植物、水藻和一些微小的细菌所进行的合成碳化合物的过程（光合作用）。这不仅为现在的生命提供了结构框架，而且对形成了供石化工业使用的天然气和油藏的1.8亿年前的生命残留物来说，亦是

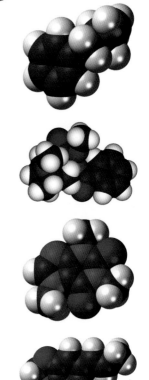

毒品的分子结构（从上至下）：右旋安非他命（D-amphetamine）、可卡因、咖啡因、亚甲二氧基甲基苯丙胺（MDMA）。这些分子独特的结构能让它们同神经系统中特定的受体细胞发生键合，继而增强这些受体细胞的功能

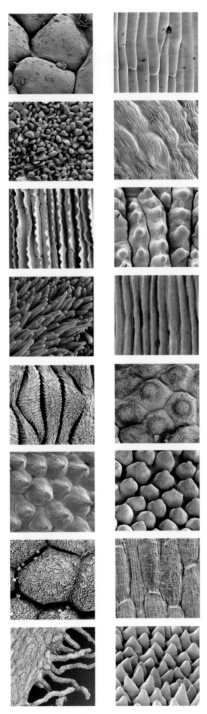

植物的纤维素能以各种各样的方式形成形形色色的功能表面

如此。

我们必须坦诚地面对一个事实，就是像人类这样的动物是无法制造出生命要素的。通过摄入和消化，我们只是重新配置了植物（或者已经替我们重新配置了植物的其他动物），所以我们才能繁衍生息。

这个过程虽然很复杂，但其要素很简单。除了极小比例的微量元素，植物的光合作用只需从根部吸收的水和从空气中提取的二氧化碳。气体会通过气孔——受水压控制的细孔——进出叶面，而水独特的凝聚性使其成了一名毛细现象——液体经由细管攀升，甚至能攀至一棵巨型红杉树顶部的技能——"专家"，所以水的物理特性在每个层面上都是不可或缺的。

简而言之，太阳的能量会被叶绿素集中用于把液态水裂解为气态氧和气态氢。氧会被植物呼出，而活性氢会和二氧化碳产生化合，继而制造出实际上储存着太阳能量的糖。光合细胞中的糖工厂每秒钟会制造出几百万个葡萄糖分子，所以只需几天的时间，一片叶子就能充盈着葡萄糖分子。当我们燃烧石化燃料时，我们实际上是在逆转光合作用，把几百万年前被锁进有机化合物中的太阳能量给释放出来。纳米技术的一个分支目前正在尝试揭开光合作用的奥秘，以让我们能像植物那样直接用阳光、水和二氧化碳创造出高能碳化合物（见第6章）。

碳这种具有四次键合机会的灵活的小分子，是如此之多的生命所不可或缺的，正如迈克尔·法拉第在1861年所写道的：

当我告诉你碳这种异乎寻常的自由性会产生怎样的结果时，你肯定会大为惊奇。一根蜡烛会燃烧4~7小时……那每天得有多少碳以碳酸的形式[1]升入天空啊！……那这种气体接下来会跑到哪里去

———————————
[1] 即二氧化碳。——译者注

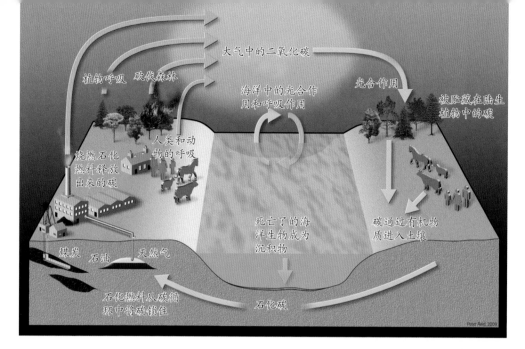

碳循环。大气中的一部分二氧化碳会溶于海洋，并被固定在海生有机体的甲壳中，还有一部分会通过光合作用成为有机物，而动物的呼吸、火山活动和石化燃料的燃烧会把二氧化碳再次释放到大气中，但石化燃料的过度使用正在严重地破坏这些活动间微妙的平衡

呢？我们会惊叹地发现，这种由呼吸作用所引起的变化[1]……正是生长在地表上的植物的生命支撑。

当然，法拉第对被释放到大气中的二氧化碳总量这种天真的惊奇感，在今天肯定有所消退了，但碳循环这个过程仍是一个奇迹。跟随着法拉第的足迹，伟大的作家和化学家普里莫·列维在"碳"——《元素周期表》[2]中的一章——中记述了一个碳原子的故事。这个碳原子在几亿年的时间里穿过了岩石、天空、植物、酒精、人类、天空、树木、昆虫，直至列维在故事的结尾处告诉我们它引导"我的这只手在纸上压下这个句点，就是这个句点"。一个碳原子就这样在我们的眼前成了一个句点的一部分。每每读到这个别出心裁的形象时，总会让人觉得列维手中的那支铅笔又焕发出了生机[3]。

生命源于碳和水的化学特性的相互作用。为了洞悉生命是如何起始的，我们可以从厨房洗涤池中待洗的餐盘入手。洗涤剂（亦被称为表面活性剂）的作用是把油脂从盘子上分离下来，并使之可溶于水。这得益于具有一个喜欢水的头（亲水头）和一个讨厌水的尾巴（疏水尾）的烃链，而这些会和水紧密地缔合在一起的头会连接起来形成一层新的液态薄层。

---

[1] 这种变化指的是碳经由呼吸作用成为二氧化碳。——译者注

[2] *Il sistema periodico.*（意大利语）

[3] 此处有误。作者的理解是这个碳原子成了一个句点的一部分（虽不失为另一种奇妙的结局），但列维的原意是这个碳原子旅程的终点是他大脑中的一个细胞，而正是这个细胞引导他为这个碳原子的故事画下最后的句点。——译者注

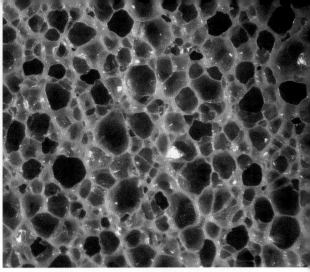

一个易碎的分光肥皂泡的表面，会创造出一系列的光谱特性曲线。被限制在这层双分子层中的水会快速旋流，并增加这层双分子层的厚度，以匹配五彩缤纷的色彩的波长

泡沫状网络会占据具有最小表面张力的晶格。在一些天然纳米结构中，这样的"肥皂泡"阵列构成了矿物生长的模板

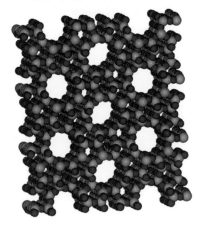

一块沸石（一种多微孔铝硅酸盐矿物）上的微孔是由其原子结构所造成的。用石化产品生产的人工沸石具有不同规格的孔径，而孔径决定了哪些分子能从孔洞中通过

如果一种洗涤溶液被搅动或被吹入空气，那这层液态薄层便会包围住空气，形成气泡。

一个气泡表面快速旋流的色彩是具有结构性的。光波会在这个气泡的内外表面发生反射，并被分离为它们的光谱分量。这表明这一水层的厚度会在200纳米和700纳米间波动，对可见光造成相长干涉和相消干涉（见第5章）。

使一个活细胞表面轮廓分明的膜，是一种含有脂肪的泡状物。和洗涤剂相似的是，构成这种泡状物的分子的两端，分别喜欢脂肪和水。因为细胞内外都含水，所以含有脂肪的分子（脂质）会形成磷脂双分子层，其中含有脂肪的部分会彼此相对，而喜欢水的末端则会分别指向细胞的内部和外部。磷脂双分子层上布满了其他的分子，有些控制分子交通——分子进出细胞——的出入口，有些会把相邻的细胞或细胞内含物连接起来，而其余的则会监控细胞的外部事件，以对细胞内部进行微调。

活细胞需要这层膜来阻止它们的内含物溢出，聚集电解质，增加浓度梯度，以组织和运送物质。为生命充电的电流并不是流经电线的，而是由遍布于细胞膜上的正负离子来快速运送的。

细胞

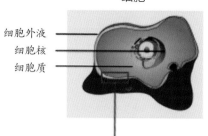

细胞外液 ————
细胞核 ————
细胞质 ————

细胞膜

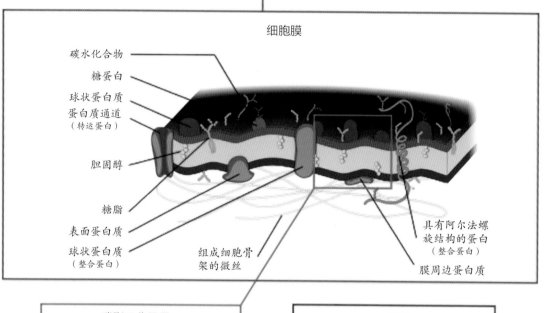

碳水化合物 ————
糖蛋白 ————
球状蛋白质 ————
蛋白质通道
（转运蛋白）————

胆固醇 ————

糖脂 ————
表面蛋白质 ————
球状蛋白质
（整合蛋白）

组成细胞骨
架的微丝

具有阿尔法螺
旋结构的蛋白
（整合蛋白）

膜周边蛋白质

磷脂双分子层

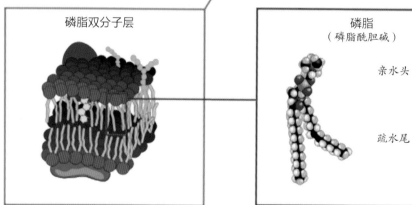

磷脂
（磷脂酰胆碱）

亲水头

疏水尾

细胞膜，或者说质膜，是一层具有半渗透性的磷脂双分子层，为所有的植物和动物细胞所共有，因为生命需要细胞膜来维持必不可少的电化学浓度梯度。磷脂双分子层就像是在化学引力和斥力的共同作用下形成的倒置气泡，但亲水头这回亲近的是双分子层外含水的细胞质，而喜欢脂质的尾巴则会连接起来，构成多功能细胞壁基质

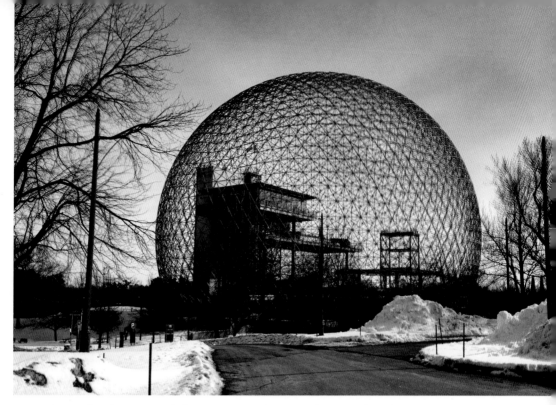

　　巴克敏斯特·富勒设计的蒙特利尔生物圈，起初是为第67届世博会建造的美国展馆。富勒的这种大尺度轻型结构，使用了和海洋放射虫特有的微小骨架相同的物理原理。1976年，在结构翻新期间，一场火灾烧毁了这座建筑透明的丙烯酸纤维圆罩，但钢桁架结构却完好无损。这证明了这种结构的完整性。这座建筑现在已被翻新成了一座环境博物馆

　　大自然有时会把充溢着泡状物的结构当作支架来使用，以围绕柔软的模板来制造坚硬的结构。你可以在一只碗里弄出一大堆的洗涤剂气泡来，然后仔细瞧瞧这些气泡的交点。你会发现每个交点都是由3个球面相交而成的。事实上，以这些交点为圆心，每3个相交球面各自所占的角度始终是120度，而这个角度便解释了很多的天然结构（这也是巴克敏斯特·富勒设计的建筑穹顶或伊甸园项目的几何结构的基本原理）。特定的泡沫状结构会浸泡在矿物饱和溶液里，而矿物则会沉积在泡状物的相交角里，继而形成和泡状物相同的几何结构。

　　这就是放射虫这种微小的浮游生物的形成原理。它们的外骨骼结构是由可以像呈辐射状的刺状雪花一样生长的二氧化硅结晶而成的，而这些图形是在泡状物的缝隙间产生的。在凝固的过程中，矿物会形成精致的窗花格结构，而这些结构也将具有和泡状物相同的几何图形。当然，放射虫必须要进食，而它们的猎物就包括了和它们对等的植物——硅藻，一种会进行光合作用的浮游植物。硅藻同样会把由矿物所构成的泡状物作为它们外骨骼的生长模板，而这就为放射虫提供了一种生长所需的矿物来源。另一种制造生命坚硬的矿物结构——例如骨头、牙齿和甲壳——的方式，发生在矿物被蛋白质的分子结构给格式化的

一个位于以色列雷霍沃特克洛尔科学花园的生物群落区。这种结构原理适用于设计大尺度轻型工程结构和大自然中极其微小的矿物晶格。六边形是这种结构的关键，但在人类工程学中，六边形有时会被进一步分解成三角形

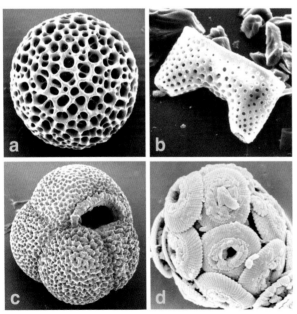

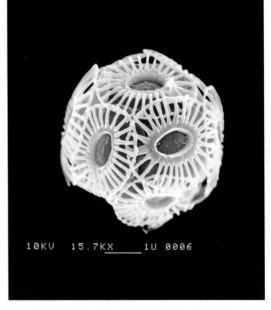

海洋浮游植物会呈现出大小各异的纷繁形态，而这些形态是由贮藏在泡沫状模板缝隙里的二氧化硅或碳酸钙所形成的

球石粒是大自然中最为典雅的自组结构之一。每一块带有一根根轮辐的精巧的片状物，都是由碳酸钙所形成的。这些片状物会自行聚集起来形成笼形结构

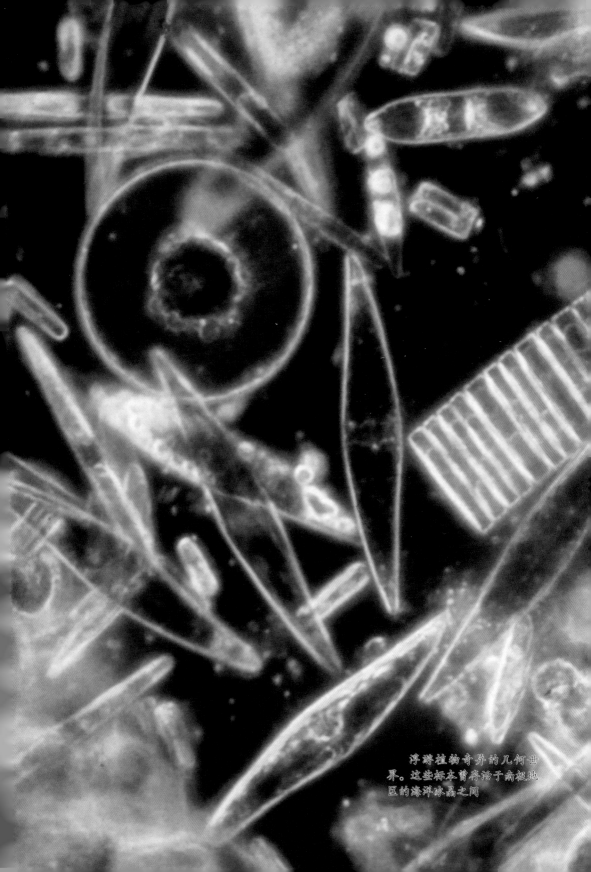

浮游植物奇异的几何世
界。这些标本曾存活于南极地
区的海洋冰晶之间

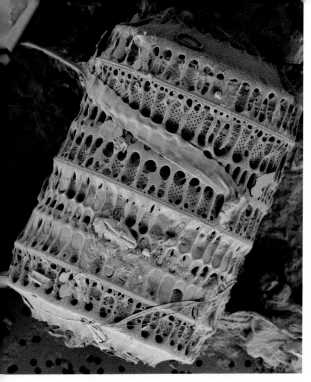

一个外形像微型比萨斜塔的具槽帕拉藻。这个硅藻是在若干不同的尺度上所形成的，所以才能在二氧化硅中产生一种极为精细的矿物结构

潮池中的泡沫是由碎裂了的浮游生物释放的化学物质所造成的。这些气泡和肥皂泡很像，但更为持久

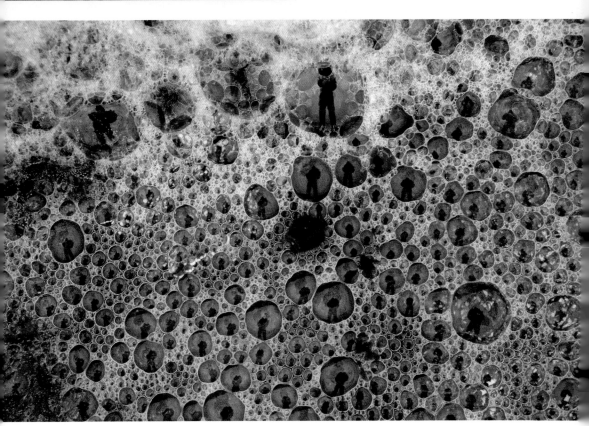

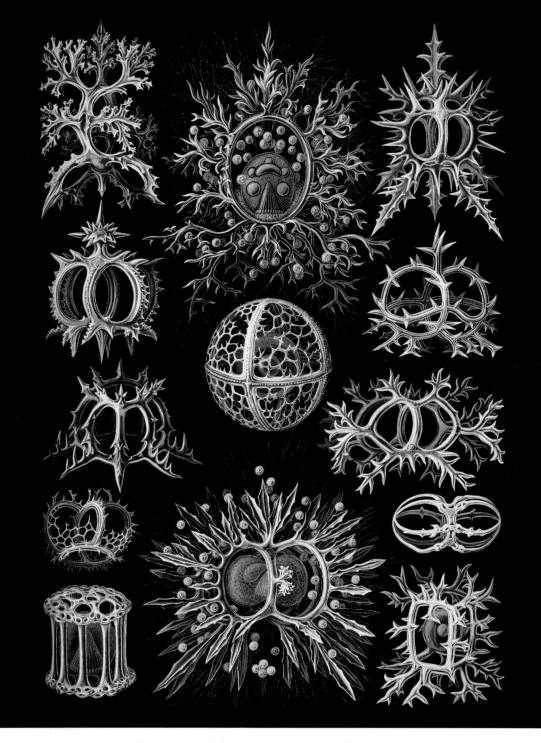

被艺术家润色过的大自然。具有建筑物特征的微小的海洋浮游生物能在19世纪末名声大振，要归功于德国生物学家恩斯特·海克尔绘制的插画。海克尔的画作并不是栩栩如生的，但具有维多利亚时代强烈的装饰风格

过程中。具有特定形态的蛋白质会把矿物培养成最为复杂，但也最为高效的形态。

使用模板来建造纳米结构，是一项我们正在学习如何效仿大自然来进一步使用的技术。模板法有助于我们制造被当作工业吸收剂使用的人工沸石（多微孔铝硅酸盐）。人工沸石上的微孔是泡沫状结构的遗痕。我们可以把这些微孔当作支架来制造在矿物被酸腐蚀掉后能独立存在的新结构。

生命的奥秘之一，是矿物结构和有机结构的相互作用。有机结构会把特征赋予矿物结构，而矿物结构反过来又会提升有机结构的复杂性。

我们对生命和生命发展的理解，目前集中在生命机理、达尔文的进化论和适者生存上，但这把没有生命的物质活了过来，以及有生命的东西在死亡后又重新变成了没有生命的物质的一个个瞬间置于了一个神秘的领域当中。在这个领域中，我们是无法理解神奇的火花是如何成为生命的，可如果我们更为深入地来观察分子结构的特性，那我们便会发现它们在不断地预演和塑造着生命的特性。生命是始于生命机理的吗？不，是化学物质，而这生与死的一线之间，就是纳米科学运作的地方。

我们从数学范例——例如约翰·康维的"生命游戏"①——中得知，理论上，遵循四个简单规则的图形元胞自动机（cellular automata），可以快速地生成像生命一样会自行复制的结构。

第2章将说明明显的随机性如何能自行组织成可预见的聚合结构，可如果我们能弄明白物质如何能通过自行组织来制造自我复制的结构，那我们是否就能推断出这到底是如何发生的了吗？在这个问题上，存在着相互矛盾的理论。诺贝尔奖得主，生物学家杰克·绍斯塔克——解释了基因的端粒如何能控制一个细胞保持分离的长度，并由此解开了衰老的奥秘——认为可能的事件顺序是这样的：

早期的地球充满了如今在活细胞中发现的有机构筑基元，所以一种貌似合理的说法，是很多磷脂在这之前就已经将其自身组成了由可渗透的有机分子所构成的泡状物（类似于早先描述过的洗餐盘时出现的液态气泡）。

然而在活细胞出现以前，自然环境中应该还有数百种核苷酸，也就是RNA和DNA的成分。这些核苷酸能自行聚合，形成复杂的长链。脂质体囊泡对单一的核苷酸来说是可渗透的，但聚合后的核苷酸链——如果它们是在脂质体囊泡内部形成的——则会被留在里面，所以脂质体囊泡会"捕获"有朝一日将成为基因的化学物质（RNA和DNA）。通过占用或许会进入脂质体囊泡的核苷酸，聚合物链可以进行复制。这样做会增大囊泡内部的渗透压，继而撑大囊膜，而更大的囊泡会从较小和较空的囊泡中偷走脂质分子。这将是进化论竞赛——物竞天择——的起源。如果一个囊泡含有一个能更快地进行复制的聚合物，那这

① 你可以在 www.kongregate.com/games/locos/the-game-of-life 上来玩这个游戏。

个囊泡便会更快地生长和分裂，直至最终支配一个种群。

目前尚未有人以这种方式成功地合成出一个"原细胞"，但这似乎是可行的，因为所有的步骤都可以在无生命的化学物质中作为离散过程被观测到。这些"原细胞"仍未被制造出来的原因之一，是时间尺度和进化所需的物质量。要弄明白为何需要几十亿次的尝试才有可能制造出"原细胞"，那你还得在一个分子运作范围（此处是地球）的背景下来理解这个分子的大小。伟大的物理学家埃尔温·薛定谔在他影响深远的著作《生命是什么》[①]中，用一个他认为是出自19世纪的物理学家开尔文勋爵的例子巧妙地说明了"原细胞"出现所需的时间尺度和物质量：

假设你可以给一杯水中的分子全都做上记号，然后把这杯水倒进大海里，再彻底地搅拌海水，以便让有记号的分子全都均匀地散布在七大洋里。如果你这时从大海中的任何一个地方取一杯水出来，那你便会发现里面大约有100个你做了记号的分子。

薛定谔随后又解释了为何这些分子要实现任何一种合成，几乎都需要无数次机会来尝试不同的分子排列组合。想一想一只在一缕信息素的吸引下飞到几百米外找到了交配对象的雄性飞蛾，然后再仔细地想想这些在海洋中相隔几千英里的地方漂流着的进化分子。我们这几乎是在讨论在无限的时间跨度下发生的无穷小概率事件，但也不尽然。首先，生命的化学物质如今是坚固地被包含在脂质细胞壁里的，所以在生命最初的进化中，某种形式的控制似乎是必要的，甚至是在进化机制被截留在细胞中以前。

奥地利物理学家埃尔温·薛定谔（1887—1961）是量子力学的奠基人之一，他的短篇名著《生命是什么》让众多的物理学家和化学家投身到了对生命形成过程的探索之中

那么，考虑到这些规模、时间和速度的量，物质是在何时，又是于何地"活"起来的呢？

1871年，达尔文在写给他的朋友——植物学家约瑟夫·胡克——的一封信中写道：

人们常说既然一个活的有机体首次产生所需的所有条件现在存在，那在以往的任何时候可能同样存在，可假如（呃！这是多么重要的一个假如啊！）我们可以想象在某个存在着所有种类的氨和磷盐、光、热、电等的小温水池中，以化学方式形成了一种准备经历更为复杂的变化的蛋白质化合物。虽然这种物质如今在顷刻间便会被吞噬或吸收掉，但在生物形成以前，情况并不会是这样的。

多年以来，达尔文著名的温水池中的原始汤，一直在生命起源的研究中占据着不可撼动的地位，但最近有人提出了一些不同的理论。

1952年，在一次解决生命起源问题的著名的早期尝试中，斯

---

① *What is Life.*

坦利·米勒和哈罗德·尤里让高压电通过了由水（H₂O）、甲烷（CH₄）和氢（H₂）所构成的溶液，并成功地创造出了氨基酸——生命的构筑基元，这对"温水池"理论的支持者来说是振奋人心的，可之后的发展却是令人失望的，因为并未出现DNA或RNA的前体。

然而在米勒过世多年之后，人们发现这次实验的部分样本被冷冻在了低温储存空间里，同时发现这些样本竟产生了更多的有机化合物，而这就导致了低温进化理论的出现。我们曾在有60万年历史的冰芯中发现了活细菌。我们知道，水在冻结的过程中会通过重新进行分子排列来进入一种更为纯净的状态，而这会让悬浮于水中的其他物质被排出，所以冰里的小气泡或许就为有机物浓度的升高提供了环境，而有机物浓度的升高，意味着有机物之间会发生更多的反应。之后，在冰融化的过程中，这些被施加了强大外力的环境可能会相混合，然后通过相互作用来产生更为复杂的结构，并在1000年以后进化出生命和进化所需的错综复杂的东西。

还有很多不同的假说，例如深海火山口理论。这一理论提出了生命起始于海底热液喷口的可能。从热液喷口中涌

一个黑水喷口。在深海火山口中，富含矿物的灼热气体会涌入冰冷的海水中。人们认为如今驱动着每个活细胞的能量反应，也许早在细胞出现之前就已经在这样的环境中逐渐形成了

出的富氢液体会和充满二氧化碳的海水相互作用，而这套系统中的化学能梯度和我们如今在活细胞中发现的驱动着所有生命进程的化学能梯度是相似的。

然而有些人——例如格拉斯哥大学的化学家李·克罗宁教授——认为以上这些理论或许是一种"碳沙文主义"，因为最初的进化系统并非一定要使用现在生命具有的碳化学物质。克罗宁相信最初的进化发生在进化系统中更深的层面上。他认为"自组分子是在反复的竞争中获得它们的形状的"，所以驱动早期进化的，并不是"自私的基因"，而是自私的

格拉斯哥大学的李·克罗宁教授对"碳沙文主义"提出了质疑，并对无机生命的可能性做出了推测

物质。

为了尝试制造出可以进化的物质，他和他的研究小组正忙于用无机化合物进行大胆的实验。到目前为止，他们已经制造出了会在你眼前产生像有生命一样的细管结构晶体。这些宛如树枝般蜿蜒的细管和绍斯塔克发现的脂质体有些相似。克罗宁说："如果说核聚变的物理特性是被编码到宇宙中的，那生命的物理特性也许亦是如此。"他还说："最初的细胞和恒星很可能是同时出现的。"

克罗宁将生命简述成了"一只广口瓶中的一团火焰"，而构成这团火焰的，是细胞的新陈代谢，以及维持热量、呼吸、自行修复和排出废物的能量反应。当然，这只广口瓶就像是细胞的结构，或者说，能在实验室中用表面活性剂被制造出来的囊泡或脂质体。克罗宁已经开发出了一种无机广口瓶，即由多金属氧酸盐——作为一层沉淀膜——所组成的无机化学细胞（chells[①]）。多金属氧酸盐和溶液中的有机阳离子（带正电的离子）相接触时会通过化学反应形成囊泡。

黑根·巴利的研究小组在牛津大学用另一种办法创造出了类似细胞的结构。他们用一种微型打印机创造出了脂质体的聚合物，也就是被一层脂质层包裹起来的水溶液滴，类似于绍斯塔克认为是生命前体的脂质体。这些水溶液滴是通过把水溶液注入油中所形成的。当水溶液滴连接起来时，单脂质层便会成为双脂质层，而这些水溶液滴的位置可以用一种微型操作器来调整。这种类似细胞的组合体有一个不同寻常之处，这就是通过改变水溶液滴的浓度，我们可以让这些组合体折叠成一种三维结构。之后，通过创造蛋白质路径，我们还可以让这些组合体像细胞一样地交流。如此一来，这些组合体便能模仿出活组织具有的协作特性，比如说，细胞相互发信号和维持复杂的形状。

正如我们所看到的，就制造各种形式的复杂事物而言，无论是有生命的，还是无生命的，使用模板都是一种很重要的辅助手段，但自组才是复杂性真正的驱动因素。在自组中，物质会组合在一起，因为它们必须要这么做，而这就是化学特性，也是众多的科学家在各种例证——例如噬菌体（一种介于生命和非生命之间，同时也介于化学和物理之间的非凡的混合物）——的鼓舞下正致力于实现的。正确的要素在正确的环境中可以制造出物体的这种想法，对雕塑艺术来说同样是诱人的，而且这将把我们带向物质的核心——自组。

① chells 的完整形式是 iCHELLs，也就是 inorganic chemical cells（无机化学细胞）的缩略词，但 chells 更容易让人联想到细胞对应的英文单词 cells。——译者注

在李·克罗宁的"无机生命机理"中，氧化钨囊膜构成了活细胞的对应物——"chells"

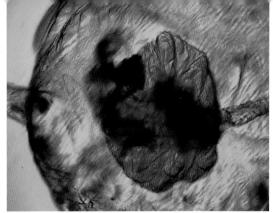

一个"chell"在另一个"chell"里。这些像细胞一样的人工合成物的分隔空间能分离化学活性，创造必不可少的浓度梯度，而活细胞特有的功能就是这样被界定的

生长在溶液里的金属氧化物微管。这是创造由物理方法所驱动的仿生形态的一个范例（此处是通过渗透作用）

第2章　几何学

生命起源于地球的可能性不比一场横扫过一座垃圾场的飓风碰巧组装出一架波音747的可能性更大。

——弗雷德·霍伊尔

乔安娜·艾森伯格的研究小组创造出了会在一种溶液中进行自组的聚合物纳米刚毛。这种溶液的蒸发会使这些刚毛以可控的方式聚集在一起，而这涉及了弹性力、毛细力和黏附力之间的一种微妙的平衡。这个研究小组将这种现象比作是一束束的湿头发，或者一支被浸没在颜料中的画笔的表现

创造三维形态一般是艺术家和工程师的目标，而在纳米尺度上，创造三维形态也正在成为纳米技术专家和合成生物学家的目标。在技术中，任何形态都是作为一种独特的实体被创造出来的，一旦完成，便具备了一种恒定的特性。流线型的法拉利拥有由形态所带来的速度，而笨重的厢式货车却具有容量上的巨大优势。要是你只要在正确的地方，通过某种拓扑转换就可以把厢式货车变成法拉利会怎么样？引发这类问题的，是大自然中的一个事实，这就是一种生物往往是由另一种生物通过某种拓扑转换进化而来的，而达西·汤普森（1860—1948）是第一个指出这一事实的人。

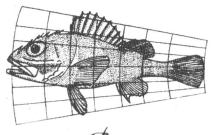

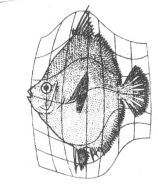

形态科学跨越了物理学、化学和生物学之间的传统界限，但在最近，这出了点问题，因为每个学科都认为自己学科领域内的形态和其他学科中的形态是不同的。在新千年来临之前，达西·汤普森一直被视为一个独行其是的怪人，因为他曾试图完全根据物理作用力——例如引力和表面张力——来理解生物形态及其转换，但绝大多数生物学家都是坚定地根据自然选择来理解生命的，因为自然选择可以证明进化过的形态是对自然环境的一种良好适应，可这些形态现在是如何被活组织创造出来的呢？合成化学家已经能极为精确地建造出分子结构了，可我们并不清楚分子结构的形成过程是如何同达西·汤普森研究的生物形态及其转变的复杂因素产生关联的。

19世纪末独行其是的生物学家达西·温特沃斯·汤普森推论出了大自然中图形形成的原理之一。差别生长率可以有效地从形态上将一条锯鲷变成一种帆鳍鱼，即高菱鲷（学名为 Antigonia capros），或者把一只修长的桡足动物（学名为 Oithona nana）变成一只矮胖的叶水蚤

然而在纳米尺度上，我们正开始理解化学形态、物理形态和生物形态之间的关联。它们无一不是在生与死的一线之间自然地汇聚在一起的，而这就是自组纳米结构领域。

乍看之下，这是一个反直觉的世界，在这里，重力是微不足道的[1]，而牛顿的三大定律也不是永远都适用的。物体和物质不会像我们期待的那样运动，没有什么是永远静止的，

---

[1] 在客观存在中，重力是四种基本力之一，但和其他三种力相比，重力在我们存在的三维空间中是非常微弱的，一块普普通通的冰箱磁贴都足以创造出一股比地心引力要大得多的电磁力。目前对这种现象最常见的解释，是重力可能分散到额外维度中去了，不过尚未有切实的证据可以证明额外维度的存在。——译者注

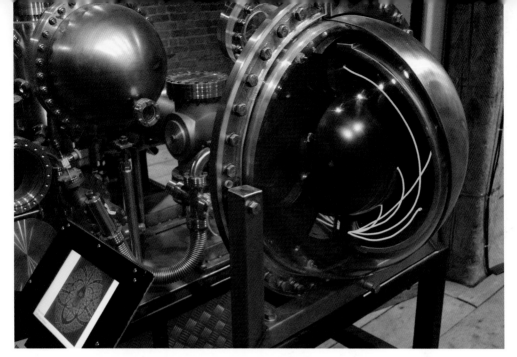

无穷小的庞然大物计划使用的达斯伯里同步加速器的超高真空调查舱。照片中的电子分析器是处于开启状态的，为的是展示被捕获的电子的通道

而且所有的一切都是"有黏性的"。在我们的宏观世界里，所有的物体都会因摩擦力而分解，而在纳米领域中，引起这个问题的是"静摩擦力"，即物质在纳米尺度上会因范德瓦尔斯力[①]（在这个尺度上是普遍适用的）而粘在一起的倾向。

只有高度专业化的设备才能使纳米过程显现出来，以展现自组的奇迹，而无穷小的庞然大物（GoI[②]）计划——一次由格拉斯哥大学、谢菲尔德大学、利物浦大学和诺丁汉大学的科学家以及布赖顿大学的一个艺术小组所展开的合作——正是为此而启动的。这项计划希望得到的答案，是我们能否设计出大尺度动态雕塑，以证明有些事情正在理查德·费曼提出的"底部"——也就是纳米尺度上——发生。

为此，我们建造出了能通过中性浮力来抵消重力的自组罐，用大量的磁铁和魔术贴复制出了化学黏性，并通过让它们在受控的漩涡中快速旋流，实现了分子世界的紊流。如此一来，很多小东西就能聚集起来形成更大且不同的东西。这些更大的东西会具有与它们的组分明显不同的特征，好比是一种类似于一群鱼或一群蜜蜂的"超级有机体"。

在这项计划中，化学物质及其结晶形成的所有组分和碳链盘绕起来的圈环是我们的"导师"，而这种恭维的回报，是我们在没有任何预先设计的情况下观测到了化学物质已知的构形，例如成链（原子连接而成链环）和轮烷（一个哑铃状的分子从一个环状分子正中

① 亦被称为分子间作用力。——译者注
② 即 The Giants of the Infinitesimal。——译者注

　　　　　　　　　　第 2 章　几何学

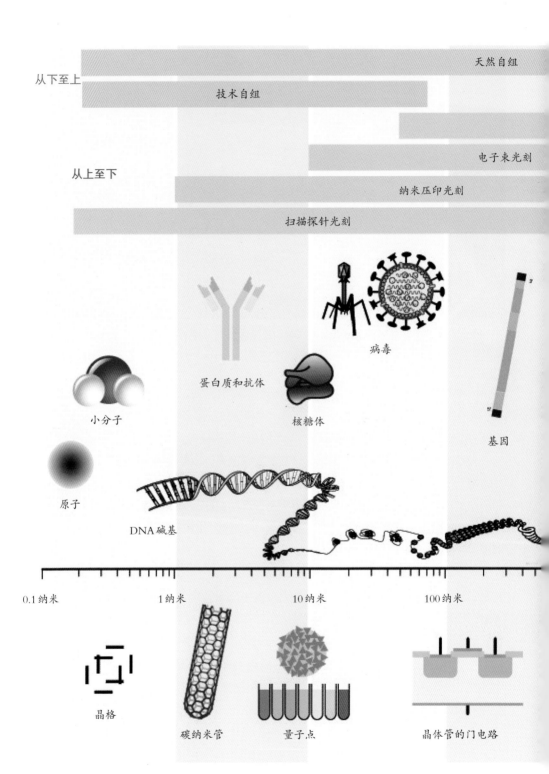

从下至上

天然自组

技术自组

从上至下

电子束光刻

纳米压印光刻

扫描探针光刻

病毒

蛋白质和抗体

核糖体

基因

小分子

原子

DNA碱基

0.1 纳米　　　　1 纳米　　　　10 纳米　　　　100 纳米

晶格

碳纳米管

量子点

晶体管的门电路

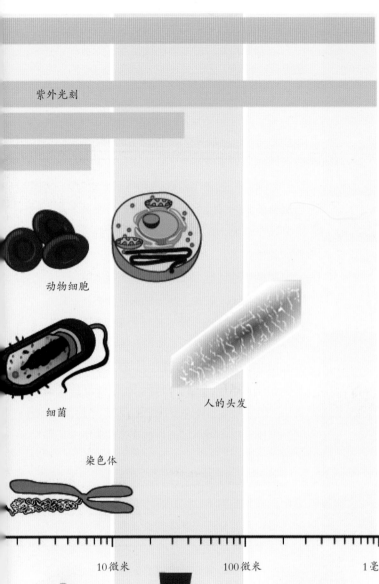

紫外光刻

微机电系统、微流体系统

动物细胞

细菌

人的头发

染色体

10微米　　　　　100微米　　　　　1毫米

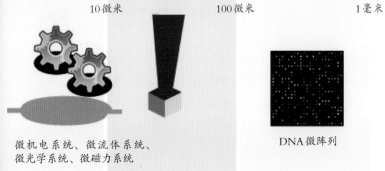

微机电系统、微流体系统、
微光学系统、微磁力系统

DNA微阵列

　　生物和技术的长度
尺度对比。图中的染色
体是被拆解开的，以展
示它们的DNA链。每
个人类基因组大约包含
300亿对被装入23对染
色体中的DNA碱基对
（Copyright © Guillaume
Paumier）

无穷小的庞然大物计划中的交互式
扫描探针显微镜模拟。在这个方案中，
扫描探针的尖端可以在人工操控下拾起
带电的分子，并将之组配成纳米线

汤姆·格里姆塞、西奥·卡库法和
詹姆斯·格拉汉姆在汤姆·格里姆塞的
工作室里。这幅照片展示了无穷小的庞
然大物计划中的一些自组罐

穿过的分子结构）在纳米机器的世界中，轮烷的
滑动机制可以形成最微小的电子开关。正确的成
分、浮力量和紊流量让自组罐实现了无数种会像
生命一样悦动的构形、成形、变形和重整。

除了通过放大让不可见的过程变得可见以
外，自组罐还可以让快到难以想象的过程变慢，
以使之可见。利物浦大学非线性光学实验室的负
责人海克·阿诺德斯博士正在进行飞秒泵浦－探
测光谱学[1]研究。1飞秒是1000万亿分之1秒，而
她团队的脉冲红外激光设备能够把一个原子从一
个分子中击出，并在几飞秒后将这个原子留下的
空缺成像。

借助她的计算，在自组罐里被模拟的构形会
非常快地发生，快到了你在现实时间中得对自组
罐进行32000年的观察才能经历这些构形的1秒
钟。这些漩涡状的图形具有一种催眠性，而且在
你观察的时候，时间都会静止，可32000年……
化学反应是如此之快，可我们却是如此的"迟
钝"，但只有以那种速度发生的反应，才会帮助
我们掌握无机物质将其自身组成生命的组分所需
的反应数量。

要在自组罐里实现一种富有成效的平衡，需
要极为精细的微调，比如说，涂料的厚度要刚好
能把被植入的磁铁强度降到磁铁能在不锁定的情
况下连接起来的程度。这会帮助我们理解大自然
中必须存在一种多么精确的力的平衡，才能让生
命起始。

理解自组的一种方式，是明确地掌握自组不
是什么。《圣诞老人的车间》[2]——20世纪30年代的一本图画书——编录了圣诞老人的帮手
在车间流水线上制造玩具的种种别出心裁的办法，其中有一种材料是自相矛盾的国际跳棋
棋盘油漆，而装有这种方格液体的罐子会把方格图形印在棋盘上，但这类图形是不可能以

① 亦被称为飞秒抽运－探测光谱学。——译者注
② Santa's Workshop.

这种方式被预先决定的，因为它们必须从力的相互作用中产生。正如克里斯蒂安·布克在他的诗《晶体》中写道的：

一个晶体会从其自身构成的混乱中自行组配起来。这就像拼图会自行组合在一起，每一块都仿佛会在无意间落在正确的位置上。

一个晶体

无非是一缕微风

将沙吹成了城堡的形状

为了在自组罐里模拟结晶生长，我们引入了会从底部被液压抽入自组罐中的种球。这些种球是磁铁的构形，它们会把原子和分子以特定的图形吸引在一起，所以结晶结构会在一个累积的过程中逐渐形成。

起初，我们发现晶体一旦形成，这套系统就无法被清除了。我们曾尝试用水喷射流来开关电磁铁，以反转极性，可这无法使"原子"散开。最终，我们发现抽送种球的液压泵可被用来为种球周围一层像气球一样的隔膜充气，以分离原子和种球，实现系统清除。

制作雕塑物体和装置，通常需要计划、寻材、塑形，并对出现的结果负责，而在模仿自组中，制作者的角色更像是一名园丁或编舞者：播撒活动，寄望于它开花结果，或者将不同组分的性质编排成一个连贯的叙事。纳米科学家会详尽地制定出将在一个比任何可见的东西都要小上几百万倍的世界中发生的组配策略，可尽管有大量出色的成像工具，但组配结果往往是无法被观测的。扫描探针显微镜是无穷小的庞然大物计划在宏观尺度上进行模拟了的另一种设备。在真实世界中，这种显微镜的探针很尖，尖到了探针的尖端往往只有一个原子的大小。这种探针会对一个表面进行完整的扫描，并通过检测电荷来获取这一表面的轮廓。它们会来来回回地工作，微调反应条件，观察产物，以及推断自组过程和相应的修改方式。这更像是通过触摸来辨认一张毯子下的物体，而不是看见它们，但一幅精准的图像还是可以被建立起来。探针尖端的电荷可以被改变，所以分子可以被其吸引或排斥，而这就能让分子在表面被移动。在这个尺度上，任

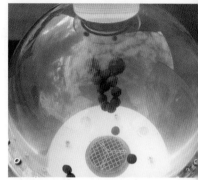

Mk4型自组罐。这4张照片展示了和分子现象相似的轮烷和成链图形的形成

何一种分子实验对象都非常地小，以至于弄丢了它们就等同于在爱尔兰弄丢了一个足球，所以科学家会使用一种由金色登记点所构成的网格来辨认他们的实验区域。

在无穷小的庞然大物计划的版本中，一根探针的尖端——就像是游乐场里的抓物机游戏一样——会以x，y，z轴同乒乓球大小的原子一起移动。探针的尖端有一块电磁铁，所以可以拾起并放置"原子"，以模拟纳米科学家或许会尝试的各种任务。实验通常是在接近绝对零度的全真空中进行的，所以一切都是悄无声息的，但在这台机器中，非真空的常温环境同样可以通过增加气流被

盐分子开始组配（左），然后在种球上组成一个排列有序的连接物（左下），直至重置隔膜被充气，系统被清除，以待重新组配（右下）

模拟出来，以创造出一台彩票摇奖机具有的"混乱"来让组配结构失去稳定性，继而瓦解。这就像先融化，再蒸发一样。

在无穷小的庞然大物计划的大尺度自组模拟和目前正在被实践的最小尺度的组配之间，存在着长度尺度的一个连续统一体。哈佛大学的乔治·怀特塞德是纳米化学领域的元老，他极具创新性的研究涵盖了所有的长度尺度。作为一名极其多产的研究者，他获得的嘉奖和具有的影响力当世无双。在尺度上比无穷小的庞然大物计划的自组小一级的，正是怀特塞德设计的多面体自组电路。这种自组电路是具有小平面的团块，或者说被切掉了6个角的八面体。这些团块有两种面：被嵌入了一个发光二极管的六边形的面，和带有4个焊锡点的正方形的面。当这些团块被混入温水中时，焊锡点便会熔化，这时，如果两个正方形的面碰在了一起，那上面的焊锡点便会熔接起来，但在正方形的面和六边形的面相碰的时候，什么都不会发生。最终，大约在1小时后，12个单元[1]都会以正确的方式熔接在一起。这种自组体随后会从液体中被移出，并被连上一块电池，而电路就这样被制造出来了。虽然这并不是在一阵狂风中组装出一架波音747来，但确实是可以在一个温热的茶杯中发生的真正的自组。

怀特塞德还以其他途径在更小的尺度上实现了这种大尺度自组[2]。在他最富有创新性的一项发明中，他利用了安德烈·海姆在众所周知的青蛙-悬浮实验中展示的磁悬浮现象（见第3章）。他用成本仅为20美元的磁铁和由聚甲基丙烯酸甲酯——一种常见的塑料——所制成的球体，展示了所有组分在磁场中是如何在一个取决于它们密度的高度上稳定下来，并呈现出一个有序的阵列的。在某种意义上，磁场就是一种台钳，把所有的组分都固定在了正确的位置上，留待处理。怀特塞德还向不同的方向发展了磁悬浮，这其中甚至有一项和无穷小的庞然大物计划看似相同的实验——在一种快速旋流的液体中实现一串1厘米长的磁块的自组。

然而怀特塞德最为卓越的成就之一，是在纳米尺度上实现了单分子层的自组。这个过程可能是科学中最难被理解的概念，因为在我们居住的宏观世界中，这似乎是不可能的。波音747的组装工程师必须把零件安装并固定在适当的位置上，按部就班地来组装每一个零件，而有些人认为这就是进化存在的一个问题：地球上各式各样的生物是如何在没有引导的情况下获得它们现有形态的呢？怀特塞德是把一切都预先安排好了的，他知道自己会得到想要的结果，但在进化中，是没有人会去设计焊锡团和多平面的。

要理解自组，我们需要直接回到简单的原子和中学化学上。氢和氧都是气态元素，而

---

[1] 这里特指怀特塞德的自组电路样品（见下页图）。12个单元也就是24个熔接在一起的正方形的面。——译者注

[2] "这种大尺度自组"指的是垃圾在狂风中组装成波音747。为什么这会被作者视为一种自组？因为狂风在这个过程中只是一种外力，而不是说狂风会把垃圾组装成飞机。垃圾就相当于最初组成生命的化学物质，而狂风则好比是生命形成所需的外部条件。——译者注

乔治·怀特塞德制造的自组电路。当电路块被混入温水中时，其表面带有图形的焊锡点便会熔化。这时，当两块电路块相兼容的面碰在一起时，焊锡就会把这两块电路块熔接起来。这实际上是在一个更大的尺度上对纳米自组原理的模拟

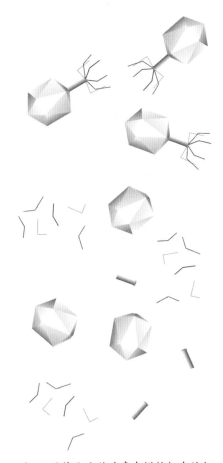

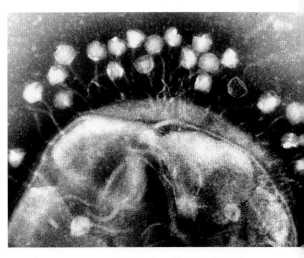

在猎物——一种特别的细菌——出现时，噬菌体这种"纳米机器人"便会活过来，然后把它们的腿插入细菌的细胞壁里，注入它们的DNA，以制造更多的噬菌体

当T4噬菌体这种病毒在搅拌机中被打碎后，它们的碎片会自动重组，因为这些碎片有一种会使它们以正确的形态粘在一起的化学倾向

且只是由氢原子或氧原子所组成的，换句话说，它们无法被进一步地分解，除非你用一台原子粉碎机——例如大型强子对撞机——把它们拆解开来，但我们在这里关心的并不是粉碎原子，而是构建原子。如果你把大量的氢和氧相混合，那它们便会爆炸，而结果就是水。如果氢和氧的比例正确，那便不会留下任何一种气体，因为这两种元素形成了一种化合物——水。这是最简单，也最完美的一种自组，因为成功率是100%。如果你让它们碰到一个火花，那你便无法阻止它们通过自组来制造水。

让我们稍微提升一下复杂度。钠是一种能引起猛烈爆炸的银色软金属，而氯是一种黄绿色的剧毒气体，曾在第一次世界大战中被当作毒气使用。你可以在氯中燃烧钠，正如你可以在氧中燃烧氢，但氯和钠产生爆炸的结果是生成盐的白色晶体，也就是常见的盐，换言之，这两种剧毒元素会自组成氯化钠分子。在分子尺度上，分子自组成具有明确化学方程的极为规则的几何结构是一种常态，而这就是化学反应关乎的一切。

然而水和氯化钠远没有生物或一架波音747那么复杂。水只是几万亿个同是由2个氢原子和1个氧原子所组成的小分子。让我们提升一个尺度。塑料是由非常小的分子所制成的，而这些分子比氯化钠分子要大一些，但并不比氯化钠分子复杂太多。以聚乙烯为例，聚乙烯是由乙烯分子所制成的，而乙烯的分子式是C_2H_4，也就是2个碳原子和4个氢原子。为了制造聚乙烯，乙烯分子要在引导下自组成首尾相连的长链，其化学式是CH_2-CH_2-CH_2-CH_2。最初制造聚乙烯的方法，是让乙烯经受高压和高温，但现在制造聚乙烯会使用一种能降低乙烯自组条件的催化剂。聚乙烯和其他塑料是很有用的结构材料，而且对我们来说几乎是不可或缺的，但它们的结构仍然是很简单的，只不过是一个又一个相同的CH_2，所以聚乙烯是一种均匀的物质。

现在让我们跨越到在第1章中被提到过的噬菌体。噬菌体是一种介于有生命和无生命之间的生物。它们非常地小（宽度为6～90纳米，长度为25～900纳米），但电子显微镜显示它们具有一种高度工程化的结构。事实上，T4噬菌体看上去就像是小的登月舱，但它们是一种能够繁殖的进化生物，所以它们一定是有生命的，对吧？此外，T4噬菌体还能以某种方式自行组配。

好吧，一个噬菌体有时似乎是有生命的，但它的繁殖办法却很奇怪。它可以结晶化，然后待在一个瓶子里一动不动，就像死了一样，但当它被放在它的宿主细菌旁时，它便会突然活跃起来。这么说绝不夸张，因为它会把它的腿插入细菌表面，同时驱动它的探针进入细菌的细胞壁，然后把储存在它二十面体头部的DNA一股脑儿地注入细菌。一旦进入细菌，这个噬菌体的DNA便会通过劫持这个细菌细胞的遗传机制来制造噬菌体，一般会制造出200个左右。这个细菌细胞随后便会被胀爆，而从中涌出的噬菌体又会去感染新的细菌。我们的肠道里就有大量以大肠杆菌为食的噬菌体。

所以说，这就像是一种很小的自组生产线，但这种生产线是如何运作的呢？自组的真正线索会出现在你让噬菌体的一个种群远离细菌，然后用搅拌机把它们打碎之后。这些生物会随机碎裂成腿、探针、颈和头，但如果你向其中添入正确的化学物质（用于维持正确环境的镁离子和一种缓冲溶液），那这些噬菌体便会自行复原，再一次制造出完美的小登月舱，所以基因指令似乎只是最初制造头、探针、颈和腿所必需的。这些东西随后全会精确地粘在一起，组配出噬菌体，而原因只是它们不得不这么做，就像怀特塞德的电路块一样，每一个组分上都有一个只能同另一个组分上正确的黏性对接点连接起来的黏性末端。如果一架波音747的零件都有这样的黏性末端，那"在一阵狂风中组装出一架波音747"的设想或许就没有那么荒谬了。

因此噬菌体就是一个参照对象，能让纳米科学家在知道是可行的情况下开始去创造复杂的智能纳米结构，例如用于制造计算机芯片的半导体、光线收集器、自洁和超黏表面等。做一个类比，把氧和氢变成水的坚固化学键，是一种像是维系着核心家庭的纽带的强力搭扣，但决定人类社会发展方向的，主要是维系着具有共同社会和政治目标的人际和团体关系的二级纽带，而在纳米化学中，情况亦是如此。DNA的组分是键合起来的，但使分子具

这些处于悬浮状态的胶态金颗粒并不会像我们期待的那样闪耀着独特的金光，但它们很小，小到能分离并吸收白光的一些波长，继而产生一种深红的"结构色"

尽管人们那时并不清楚原因是什么，但中世纪的玻璃制造者让金纳米颗粒悬浮在透明玻璃里的做法，实际上正是利用了纳米现象

有形态的，是氢原子间的弱相互作用，也就是氢键。在大自然和合成物中，创造出形态和结构的，正是这样的二级引力——氢键、所有分子间微弱的范德瓦尔斯力、毛细力和静电力。

很多纳米结构的自组都只是建立在某种溶液的蒸发上的，而物质在这种自组中的关键状态是胶态。胶质不像溶液，在溶液中，分子会像牛奶或糖溶于水中一样完全分散，而胶质是（在纳米尺度上）较大，但也小到足以把引力分散于整个液体中的颗粒的悬浮状态。胶质通常有一种不透明的乳状外观，但有时可能会比这更引人注目。令人惊讶的是，我们在一些中世纪的玻璃上看到的胶态金浓艳的红紫色，正是由生效了的纳米技术所造成的，虽然那时候还没有纳米技术这个说法。这些胶态金颗粒非常地小，小到能对光线造成干涉，继而创造出那种浓艳的深红色光亮。

简单的纳米自组类型包括纳米球、纳米柱和乔治·怀特塞德的专长——自组单分子层（SAMs[①]）。单分子层——厚度为一个分子厚的分子层——会在很多环境中形成，比如说，如果你把油倒在水里，那油便会扩散开来，直至只有一个分子那么厚，而这就是最基本的自组。你在家用一盒麦圈和一碗牛奶就可以模仿这种自组：麦圈会分散开来覆盖在牛奶上，

---

① 即 self-assembled monolayers。——译者注

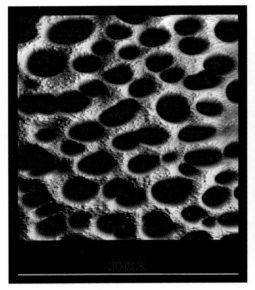

谢菲尔德大学的阿什利·卡德比博士用扫描近场光学显微镜观测到的两种聚合物的相分离混合。具有这种性质的复合材料也许可被用于制造相对廉价的新型太阳能电池

被堆叠起来的纳米玻璃球。这些直径约为可见光波长1/2的玻璃球组成了一种色彩斑斓的蛋白石。如果这种球体干燥得很慢，那它们便会以这种有序的图形堆叠起来。这种人造蛋白石技术的应用将在第5章中得到讨论

直至只有一层麦圈那么厚。怀特塞德使用的是一种被称为烷基硫醇的无机分子，这种分子和金的表面有一种亲合性，因为硫醇含有硫黄，而硫黄会同金相结合。这种分子会像牛奶上的麦圈一样排列成一种规则的阵列，并呈30度角粘在金的表面。有趣的是，我们能够以多种化学方式来修改这种分子的另一端，然后把其他的功能性分子粘在这一层有序的单分子层上。

最有用的结构之一是由紧密堆积起来的球体所组成的，看上去就像是一堆橙子。制造大小相同的二氧化硅纳米球是可能的。在胶态溶液中，这些球体会自组成一种有序的"橙子堆"，而在干燥后，它们便会形成一种固态基质。在这之后，这些球体间的空隙可以被填满一种金属，例如气相沉积金属，而这就会形成另一种复杂的基质，也就是这些球体的反向结构。这时，作为模板的球体就可以被溶解掉了。这样的结构是天然形成的，而蛋白石这种宝石正是由这种结构所构成的。这种阵列的一个主要用途是创造类似蛋白石的光学材料（见第5章）。

另一种典型的纳米结构是纳米柱。间隔紧密的长纳米柱具有多种用途。如果纳米柱的顶端都被制成防水的，那它们便会形成超级防水表面。如果它们被捆扎得足够细密，那它们便会展现出超强的黏附力（这正是壁虎脚令人惊讶的黏附力的原理）。创造自组纳米柱是相对容易的。首先，为纳米柱的生长准备一个分布着经过化学改造了的纳米点的表面。

维姆·怒杜因和乔安娜·艾森伯格在哈佛大学的研究小组仅仅通过混合化学物质便实现了创造复杂的3D结构这个长久以来的梦想。这些碳酸钡和二氧化硅的微观结构是由形成中的反应前沿之间复杂的相互作用所产生的，而这种反应可以用让二氧化碳通过混合物的办法来调节，因此能产生像茎、花瓶和珊瑚这样的结构。这两张扫描电子显微图像的颜色是人工添加上去的，以突出这些微观结构类似花朵的特征

当固体从化学气相中沉积在这个表面上时，它们只会生长在预先准备好的点上，而不会在点间生长。这样一来，这个表面就将生长出一丛长纤维来。

然而纳米科学家承认，在让纳米颗粒进行自组的过程中，有一些事情是无法轻易地被这些非常简单的技术所实现的。当化学原子化合时，它们的电子结构会给出定向引导，而这正是为何氢和氧总是会形成键角相同的分子，以及碳为何会形成一种带有四个基团的四面体结构，而且基团之间的键角都是109度28分的原因所在。

2012年以前，在纳米自组中实现这种定向性是不可能的，但同年11月，纽约大学的一个研究小组报告了一种创造带有定向黏片的纳米颗粒的巧妙方法，而这种来自DNA的黏性很快便成了纳米工程的一个重要组成部分。

起初，人们的目的是在一个更大的尺度上模仿诸如碳、氢和氧之类的真正原子，以及它们通过化合来创造简单分子——例如水和甲烷——的方式。这些带有黏片的"分子"约长500 ~ 1000纳米，比真正的原子长了5 ~ 10000倍。这是分子世界和大尺度动态模拟之间的一个迷人的中转站。

然而，除了对原理进行简单的验证外，人们的另一个目的是通过连接这些大的"模仿原子"来制造传统自组无法比拟的类晶体结构，比如说金刚石晶体结构。一种具有金刚石图形的纳米结构晶体同样会具有光子晶体的特性，而这些特性能让这种晶体以新奇的方式与光相互作用（见第5章）。

一个由处于不同生长阶段的纳米刚毛所组成的阵列，展示了它们抓附球形颗粒的能力（照片由乔安娜·艾森伯格提供）

这种定向自组具有很大的潜力，但大自然走在了我们的前面，它利用矿物和蛋白质的相互作用创造出了各种令人惊讶的结构，例如色彩斑斓的蝴蝶翅膀。我们最深的偏见之一就是把世界分成了动物、植物和矿物，或者只是两类：有机的和无机的。事实上，矿物和生命是息息相关的。我们的骨头、牙齿，以及我们身体的酶里都存在矿物。金属离子对生命功能来说是必不可少的，而且生命几乎无疑是从矿物进程和早期的有机分子的相互作用起始的（正如第1章中所提到的）。无机物和有机物都具有

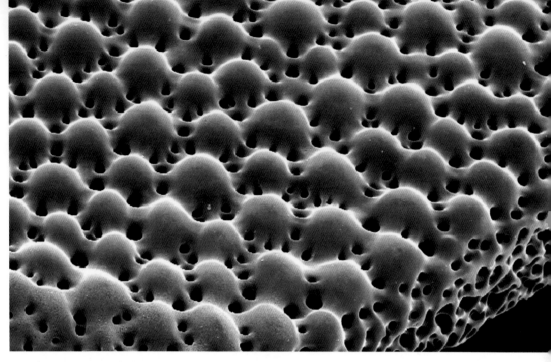

作为海星的一种亲缘物种，海蛇尾显示出了大自然的雕塑能力，其隆起部分是一种原始的透镜，它们会把光集中于下方的神经束上，以把光学信息传送到身体的其他部分，所以海蛇尾可以"通过骨头来看"。这种结构是以蛋白质为模板，并由一种碳酸钙单晶浇铸出来的。乔安娜·艾森伯格已经合成出了这些多孔单晶的对应物，但到目前为止，尚不能复制出这种透镜结构

为对方提供模板的能力。

我们对把无机物和有机物相混合的成见延伸到了艺术上，而这正是为何瑞士的超现实主义画家梅雷特·奥本海姆能在1936年以《裘皮早餐》①（一个茶杯、一个茶托和一个茶勺，表面全都覆盖着一只中国瞪羚的裘皮）引起轰动的原因所在。我们不喜欢房子里的野生动物，例如蜘蛛、老鼠和蟑螂，因为室内是人类的领域，应该是整洁、卫生的，应该是同无秩序和疾病丛生的大自然相对立的。当我们小口地喝茶时，茶杯上的皮毛会接触到我们嘴巴的这种想法，便会让人有一种厌恶感，所以更不用提其中的性暗示了，这种负担对一只简单的茶杯来说实在太重了。

然而，现在有一些最具创新性的科学工作是由仿生学家所完成的，他们乐于把自然结构和技术结构结合在一起，而且正如我们将看到的，这些混合物正变得越来越大胆。麻省理工学院的安吉拉·贝尔彻正致力于研究为我们指明了道路的噬菌体。基因工程技术已经能让科学家在一个被称为生物淘选的过程中检测几百万个肽序列（肽是氨基酸短序列）了。这么做的目的，是为了弄清有没有可以和无机纳米材料相键合的肽序列，而令人惊讶的是，

① *Le Déjeuner en fourrure*（法语）。Déjeuner在法国境内的意思一般是午餐，但在其他法语使用国家和地区的意思多为早餐。——译者注

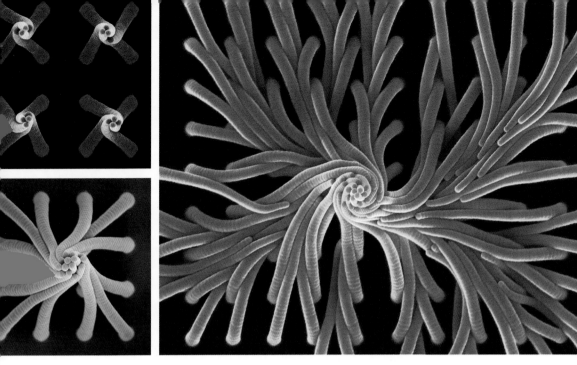

处于不同盘绕阶段的自组纳米刚毛（照片由乔安娜·艾森伯格提供）

有一些确实可以。这些试验肽序列是在一种由噬菌体的头所构成的表面被创造出来的，而结果就是电子纳米颗粒可以被附着在噬菌体上。我们现在讨论的并不是登月舱类型的噬菌体，而是看起来像圆柱形火箭的 M13 噬菌体，其长度约为 900 纳米，直径在 6 纳米左右。这种噬菌体很容易并排组配起来，这意味着电子纳米颗粒基质的间距可以比在传统的"自上而下"式的计算机芯片纳米组配中的间距更小一些。人们目前断言，半导体器件最小的间距在"自上而下"式的组配中将是 22 纳米[①]，但这种噬菌体的直径只有 6 纳米。贝尔彻已经开发出了一个完整的电子元件阵列，其中包括电池、太阳能板和晶体管，而这些电子元件全都是以这种噬菌体为模板被开发出来的。这种噬菌体有时会被舍弃，被烧尽，把金属和矿物组分留在适当的位置上，但有时也会被保留下来。

我们可以在大自然中最坚固的结构中看到无机物和有机物的协作。20 世纪 90 年代初，加利福尼亚大学圣塔芭芭拉分校的科学家对鲍鱼壳高到令人惊讶的强度展开了研究。在太平洋沿岸的餐厅里，鲍鱼是一种最受欢迎的贝类水生动物，其坚硬的外壳是由碳酸钙这种近似于白垩岩和石灰石的矿物所构成的，但鲍鱼壳的硬度是碳酸钙的 3000 倍，因为鲍鱼壳是一种混合物，具有分布于碳酸钙霰石形态块间更柔软且易弯曲的蛋白质层。蛋白质不仅会为坚硬但易碎的碳酸钙外壳提供一种弹性补充，而且会作为碳酸钙改变其晶体结构的模板。合成出鲍鱼珍珠母这一令人向往的殊荣，最终在 2012 年被卡文迪什实验室的一个研究

---

① 这里存在时效性的问题。22 纳米是 2014 年的预测，而现在的预测是 5 或 7 纳米。——译者注

　　宝塔花菜奇异的形状，形成自一种数学生长模式。宝塔花菜的每一个花蕾都是由一系列更小的花蕾所构成的，而这些更小的花蕾会按一种逐渐缩小的对数螺线排列在一起。图中的这些花部展示了一种天然的分形图形，而且螺线数量永远都和斐波那契数列相符

小组给斩获了（见第4章）。

　　对鲍鱼的研究通向了一个被称为生物无机化[①]的巨大的纳米化学领域。任职于哈佛大学和怀斯研究所纳米科学动力室的乔安娜·艾森伯格，在模仿大自然中最为坚固的生物模板矿物上取得了极大的成功。她受到了诸如鲍鱼和海蛇尾之类的结构的启示。这些结构具有一种从碳酸钙骨骼中形成，在光学上完美的方解石透镜。2003年，艾森伯格用碳酸钙成功地制造出了一种在结构上和海蛇尾基质相似的单晶，但这种单晶不具备弧度完美的透镜，而且这个问题至今尚未被解决。这种高阶成形是大自然图形形成中最难被理解，也是最难被复制的一部分。

　　艾森伯格最为新颖的实验之一，显示了高阶结构从简单的条件中产生的可能途径。正如我们所看到的，纳米柱很容易在一种预先准备好的表面上被培养出来。在这个过程中，气相沉积只会发生在这种表面上预先准备好的点上。这是一种常见的纳米柱培养法，但艾森伯格在2009年制造出了一套系统。在这套系统中，纳米柱会被毛细力盘绕起来，就像是——正如她所说的——"湿头发聚拢在一起的现象或（一支）被浸没在颜料中的画笔"。

———————————————
① 亦被称为生物矿化。——译者注

　　豹子是如何获得身上的斑点的这个问题现在已经有答案了。斑点和条纹是在一套图灵式的反应－渗透系统中被获得的二择一图形。这些相互作用可以通过计算机算法被模型化（经麦克米伦出版集团许可重印：*Nature Communications*, Seita Miyazawa S, Okamoto M, Kondo S, 'Blending of animal colour patterns by hybridization', 1, Article number: 66(2010) doi:10.1038/ncomms1071. Copyright © 2010）

这些图形有一种和向日葵种球、松果（我们知道它们会通过生长点之间微弱的排斥力生长）极为相似的迷人之处。向日葵种球和松果都以会在它们的螺线中呈现出数学图形而闻名，而这些图形形成自斐波那契数列——一种从文艺复兴起为人所知的简单的公式化表述，即1，1，2，3，5，8，13，21，34，55，89，144……每一项都是前两项之和。数一个向日葵种球上顺时针和逆时针螺线的数目，会揭示出诸如55和89或89和144之类的数字。物理学家已经用相互排斥的矿物结构在应力图形会产生斐波那契螺线的曲面上创造出了斐波那契图形。

纳米结构是无限小的，但纳米结构组成的东西是我们看得见的。是纳米结构化创造出了蝴蝶翅膀上色彩斑斓的图形，是纳米结构化让壁虎能附着在天花板上，让水能从荷叶上反弹回来，甚至连——正如60年前艾伦·图灵所预言的——很多动物身上复杂的图形（如鱼、豹子、海贝壳，乃至黑白花牛的条纹和斑点）也是由纳米结构化所产生的。这就是二维自组，或者说二维图形制造。

1952年，图灵在他开创性的论文中完全以数学理据证明了某些会在细胞中渗透并相互作用的化学物质的特定图形能够以一种不稳定的方式相互作用，继而产生我们在动物身上看到的半随机图形。虽然生物学家并没有很快接受这一学说，不过随着图灵预言的化学物质——成形素——被发现，现在这已成为一个非常活跃的研究领域。我们可以从数学上来证明差别很大的图形——例如斑点或条纹——是以相同的反应所产生的，但存在条件差异。要想像大自然一样用简单的成分创造出复杂的结构，那我们就得设计出会在同总体环境完

　　皇帝神仙鱼（学名为Pomacanthus imperator）是印度洋和太平洋的一种土生珊瑚鱼，其条纹证明了由伟大的数学家和第二次世界大战的密码破解员艾伦·图灵推导出来的反应-渗透图形机制的正确性

全不同的反应前沿上创造出特殊局部条件的反应，而以此形成的结构，比如说，或许会表现出互斥性，强制它们分离生长。

　　哈佛大学怀斯研究所的乔安娜·艾森伯格、维姆·怒杜因和拉克什米纳拉亚南·马哈德万就创造出了这样的一套系统。在这套系统中，碳酸钡和二氧化硅会以一种协同方式共结晶。为实现图灵的反应-渗透理论，他们为这套系统设置了两种互补的生长模式："第一种是'开花'模式。在这种模式下，结构会分离生长，并向本体溶液生长，以形成诸如茎、花瓶、珊瑚之类的结构。第二种是'卷曲'模式。在这种模式下，结构会趋于通过自行卷曲或相互卷曲来避开本体溶液，以形成螺旋和叶片的结构。"这个过程可以通过驱使二氧化碳穿过溶液来被进一步调节。

　　毫无疑问，这个研究小组在这个过程中偶然发现了大自然是如何培养复杂的结构的。这是对艾伦·图灵开创性研究正确性的一次伟大的证明，而材料科学的圣杯——在纳米尺度上控制三维图形的形成——已出现在我们的视野中了。

第 3 章　石墨烯

犯错总比无聊好。

——安德烈·海姆，诺贝尔奖演讲

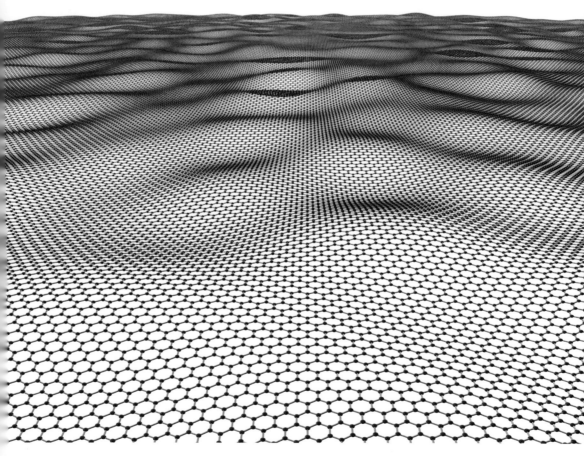

波动的灵活性和严格的规律性：一片只有一个原子那么厚，但极其坚固的石墨烯向无垠延伸

如果一名研究者告诉你，他和他的同事准备用普通的透明胶带把铅笔芯的碎片给拆解开，而这么做意味他们在单一的物质里发现了有史以来特性最为惊人的材料，那你一定会开始抱怨象牙塔里的科学家又在浪费纳税人的钱了，甚至是更难听的话，不过你最后还是会期望这项研究同诸如触摸屏、生物传感器以及高速电子设备之类的高科技产品是有关系的，然而这正是物理学家安德烈·海姆和克斯特亚·诺沃肖洛夫[①]在2004年报告的内容，而在这之后就有了石墨烯[②]这个词。

他们不仅得到了科学界的支持（尽管出现过短暂的摇摆，因为在被《科学》杂志采纳之前，他们的论文曾被享有同样声望的《自然》杂志以其"不具备充分的科学进步性"为由拒绝过），而且掀起了一次更深入地去了解石墨烯，尝试实现石墨烯的工业化制造，以及寻找石墨烯用途的"淘金热"，或者说一次名副其实的"淘碳热"。

那次"淘碳热"是怎么发生的呢？普普通通的铅笔中潜藏的秘密又是什么呢？为何这个秘密过了这么长时间才被人知晓？这会像很多国家——包括急忙要为开发石墨烯提供5000万英镑奖励的英国政府——期望的那样引发一次工业革命吗？

石墨烯是碳的一种形式，而碳是一种特别的元素，具有同其他元素无限化合和相互作用的巨大潜力。我们说的"碳的一种形式"是什么意思呢？碳不是一种元素吗？而元素不是只能还原成亚原子粒子的基本化学单位吗？没错，但碳存在于很多由碳原子所组成，但特性截然不同的结晶形状（同素异形体）中。早在纳米科学出现之前，化学系的大一新生就已经会惊讶于具有超高硬度的晶莹剔透的金刚石、油腻腻的软石墨，以及铅笔芯和润滑油的成分全是同一种物质了。

金刚石具有一种坚硬的三维晶体结构，原子在其中被密实地锁定在了一起，所以金刚石才非常坚硬。石墨是由几十亿片只有一个原子那么厚的石墨薄片所构成的，而石墨薄片上的碳原子都是以六边形连接起来的。石墨薄片非常的坚固，而且和金刚石一样，都是透明的，但石墨薄片可以轻易地相互滑动。金刚石和石墨是在大自然中不同的条件下产生的。金刚石需要高温高压来迫使原子形成锁定的晶体形状，所以金刚石可以按相同的方法被人工制造出来。石墨薄片可以在低温燃烧碳基物质的过程

传统的石墨烯生产方法：用标准的胶带反复对粘石墨，直至将石墨分离到胶带上只剩一片细细的石墨烯

碳的两种截然不同的形态：多面形琢型的钻石，以及有断口的湿滑的石墨

中被轻易地制造出来，而蜡烛的烟灰中往往就有微量的石墨薄片。

那我们怎么才能把石墨变成石墨烯呢？原子的六边形图形是关键。我们会在这本书中多次看到六边形，因为在很多不同的物质中和多个尺度上，六边形具有一种非凡的特性。蜂巢是一种天然的六边形结构。我们惊讶于蜜蜂可以建造出如此精准的一种几何物体，但为何它们要如此大费周章呢？勤劳的蜜蜂会辛勤地工作，而且绝不会浪费。虽然六边形蜂巢基质使用的蜂蜡更少，但比其他组态更为坚固，所以能让蜜蜂把更多的精力放在花蜜的采集上。

出于和蜂巢相同的原因，大自然深层数学结构固有的经济性经常会产生六边形。爱尔兰的巨人堤道就是由六边形的石块所组成的，因为这是应力线在冷却的岩浆中下落的自然方式。放射虫展示了在微小尺度上起作用的蜂巢原理，而石墨烯有可能是物质世界中最小的蜂巢结构。虽然人们在很久以前就觉察到了石墨薄片可能具有有趣的特性，但在很长的一段时间里，提取石墨薄片都被认为几乎是不可能的，所以人们最为关注的，是另一些奇特的碳结构。

第一种是萨塞克斯大学的哈罗德·克罗托爵士，以及里斯大学的理查德·斯莫利和罗伯特·柯尔于1985年发现的巴基球。如果说石墨烯是始于普通的地球材料的，那巴基球便是始于太空的。克罗托爵士曾利用微波光谱技术对太空中的碳簇进行过研究。他和他的研究小组后来曾尝试通过向碳发射强激光束来复制红矮星的内部条件，并由此制造出了一个稳定的碳60分子[①]。

克罗托爵士将一种独特的感悟力用于了科学研究。他的双亲是从纳粹德国逃亡出来的难民，他在工业发达的博尔顿度过了他的童年。在学生时代，他酷爱化学和艺术，后来设

①即由60个碳原子所构成的分子。——译者注

爱尔兰的巨人堤道是由5000万年前熔化的玄武岩所形成的。天然的应力线将岩石分裂成了六边形的图形，就像泥浆变干了一样，但之后随着裂缝往下蔓延，这些岩石就逐渐地变成了高大的六边形石柱

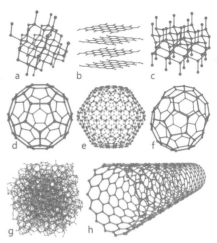

各种各样的碳纳米形式：a是金刚石，b是石墨，c是六方碳，d、e、f是富勒烯（分别对应C_{60}、C_{540}、C_{70}），g是无定形碳，h是碳纳米管。2013年，斯坦福大学的一个研究小组报告了第一台碳纳米管计算机。这台计算机有178个晶体管，而每个晶体管又是由10～200个不等的碳纳米管所制成的。这台装置的运算能力大致处于1955年的水平，但比当时的计算机要小1亿倍

计图形标志成了他的一个副业。艺术对他伟大的发现起到了至关重要的作用。在寻找高度稳定的碳60分子的过程中，他做出了一个猜测，这就是碳60分子最稳定的形态极有可能是一个球体。为了弄清碳60分子如何才能组成一个球体，他开始尝试从艺术中寻求答案，正如他在那篇于1985年提交给《自然》杂志的经典论文中所陈述的："我查阅了巴克敏斯特·富勒的研究论文。"

这个球体是由20个六边形的面和12个五边形的面所构成的，这种结构同样被用在了富勒设计的穹顶中，还有普通的足球中。根据18世纪的数学家莱昂哈德·欧拉设计的公式[1]，这种组态会创造出最接近于球体，并且具有几何平面的近似物。一个巴基球有多大呢？在比例上，一个巴基球之于一个足球，正如一个足球之于地球。

并不是所有的科学家都会向建筑学寻求灵感的，但对克罗托爵士来说，艺术是如此重要，以至于他评论说："1985年C_{60}的发现让我搁置了成立一个专门从事科学图形设计的工作室的梦想。"

为了表示对富勒的尊敬，克罗托爵士的研究小组将这种分子命名为了巴克敏斯特富勒烯，但人们通常会将之缩写为"富勒烯""巴基球"，或直接写成C_{60}。

①即欧拉公式：eix = cosx + isinx。——译者注

悬索桥——例如旧金山金门大桥——的跨度受制于钢的抗张强度。如果碳纳米管能在桥梁建造中得以应用，那跨度更长的悬索桥便会成为可能

巴基球本身有一种独一无二的特性。这种分子就像是一个可以装入其他分子的笼子。不同的化学基团可以被加入巴基球，从而打破它的对称性，并改变它的特性。目前有人正在尝试通过加入氟原子来使巴基球被"特氟龙化"①。一个完全被氟化的巴基球将成为一颗超润滑的滚珠。

继巴基球之后，人们很快便发现六边形的碳结构整整有一个家族。想一想纳米铁丝网。有些铁丝网确实是六边形的，因为根据试验证明效果良好的原理，如果你想用尽量少的金属来制作鸡笼，那铁丝网便得是六边形的。

"纳米铁丝网"——也就是碳纳米管——是日本NEC电子技术公司的科学家饭岛澄男在1991年发现的。在石墨烯出现以前，纳米技术的"代言人"一直是碳纳米管。大自然中很多最坚固的结构都是丝状体，比如说蜘蛛丝。在质量相等的情况下，蜘蛛丝的强度是钢的6倍，但一根直径只有3纳米的单壁碳纳米管（多壁碳纳米管——被卷成了圆柱形的管束——也是存在的）的强度更高。要明白它有多么坚固，那就想一想大型悬索桥。这种桥的跨度是有极限的，因为过长的钢缆最终会被自身的重量给折断。迄今为止，人类建造过最长的悬索桥是日本的明石海峡大桥，起跨度达到了1.99千米，而钢缆理论上的最大长度是20～30千米。此外，钢缆是无法以某种巧妙的方式被编在一起，以打破这一极限的。

①特氟龙是聚四氟乙烯的别称，其最大的特点就是几乎不会黏附任何物质，而且在高温下不会产生毒性，所以现在正被大量地用作容器的涂层，例如常说的特氟龙锅。特氟龙化也就是让巴基球与氟素相化合，或者说氟化巴基球，使之具有聚四氟乙烯的不黏性。——译者注

碳纳米管令人惊讶的特性引发了人们对其可能用途的猜测，比如说图中这种被固定在了一个太空站上的35800千米长的通信电缆

然而碳纳米管是如此坚固，以至于它们在海平面上可被拉长到5000～6000千米（前提是它们能按最高标准被大量地制造出来），而这种长度已足以制造出一架通到太空的"梯子"（或者说一台"太空电梯"）了。随着这架"梯子"的攀升，重力会逐渐降为0，而且海拔越高，碳纳米管就能被拉得更长，直至达到35786千米的海拔高度，所以碳纳米管可被用来制造一根连接地球和太空站的永久性连接管，以取代向国际太空站发射运载火箭这种既昂贵又危险的做法。这听起来也许像是天方夜谭，但碳纳米管这种材料确实能胜任这项任务。

制造这架"梯子"的难处不在于材料的强度，而在于材料的数量，因为碳纳米管很难实现量产，所以现在令人兴奋的，完全是用它们来制造小东西。事实上，碳纳米管曾被认为将取代电子设备中的硅，因为除了极高的强度以外，碳纳米管还具有有趣的光学特性和电子特性。

只有3纳米宽的单壁碳纳米管是一种半导体的这一发现，立刻引起了计算机芯片专家的注意，因为如果碳纳米管可以被组装成稳定的阵列，那我们就可以制造出晶体管数量比传统的硅技术所允许的要多得多的芯片。事实上，这种纳米管阵列已经被制造出来了，但还远不能同硅相提并论。

因此2004年的景象是这样的：很多化学家都在研究巴克敏斯特富勒烯，而很多纳米技术专家都在设计碳纳米管的用途，然而，尽管涌现出了很多具有独创性的装置和材料，但无一引发轰动。

2001年，安德烈·海姆因让一只青蛙悬浮在了一个强磁场中而被授予了搞笑诺贝尔奖

作为一名从2001年起开始在曼彻斯特大学任职的物理学教授，在俄罗斯出生的安德烈·海姆是一位随心所欲、无拘无束的物理学家。他的研究涵盖了多个领域，而且他有一种滑稽古怪的幽默感。在因发现了石墨烯而赢得了2011年的诺贝尔化学奖之前，他还在2001年因他令人惊讶的青蛙悬浮实验而被授予

因于2004年在曼彻斯特大学发现了石墨烯而被一同授予了诺贝尔化学奖的康斯坦丁·诺沃肖洛夫（上）和安德烈·海姆

了搞笑诺贝尔奖。搞笑诺贝尔奖是"授予最初会叫人发笑，但之后又会使人思考的成就的荣誉"，其奖项旨在通过用一种玩世不恭的态度对异想天开或极具想象力的科学研究给予表彰——有时是嘲弄造假者——来激发人们对科学技术的兴趣和好奇心，而海姆无疑是最佳人选。

安德烈·海姆让青蛙悬浮起来的办法，是使用一块磁场强度足以同所有生物内部的弱磁场相互作用的超导磁铁。介于缺乏严肃性的青蛙悬浮实验（虽然海姆还提出了一个严肃的观点，这就是磁性遍布于所有的活物和死物中）和具有划时代意义的石墨烯研究之间的，是海姆对壁虎黏附力的证明。

在壁虎令人惊讶的黏附力奥秘于2003年被揭开之后，海姆开始着手于合成一种类似壁虎脚的黏合剂，以证明壁虎的黏附力只不过是由一种纳米科学物质所产生的，因为死壁虎同样可以附着在墙上。

2004年，彼得①就海姆的壁虎研究采访了他，而且乐得把海姆更为重要的石墨烯研究

---

① 即本书的作者之一，彼得·福布斯。——译者注

　　　　　　　　　　　　　　　　　第3章　石墨烯

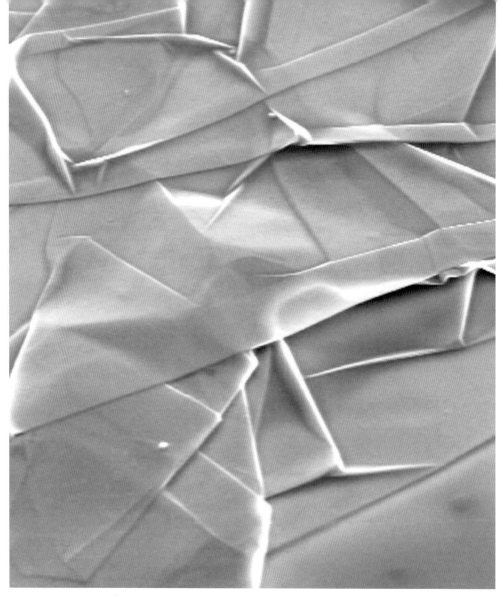

石墨烯纳米织物。一块晶片上有褶皱的石墨烯。这幅电子显微图像的宽度只有20微米

忘到了九霄云外："我当时希望听到壁虎胶带的进展，但失望地得知海姆在制造出了一片大到足以把一个蜘蛛侠模型附着在天花板上的胶带后，就把研究搁置起来，不过我后来知道了他那时还有其他一些同胶带有关的研究要做。"

海姆和克斯特亚·诺沃肖洛夫曾在曼彻斯特大学尝试过用金属来制造晶体管。晶体管通常是由需要被掺入杂质的半导体制成的，因为掺杂物能让半导体在导电和不导电的状态之间快速切换，但这些杂质原子在物质结构中表现出来的不规则性，会使电子发生散射，而金属晶体管是更为均质的，能让电子更加自由地流动。

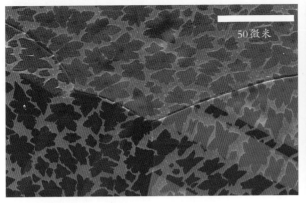

石墨烯的气相沉积法：让甲烷和氢气通过一片在真空环境中被加热到1000℃的铜膜。这种具有艺术效果的"叶片图案壁纸"的外观，是由石墨烯结构的几何图形所形成的

在早期实验中为研究石墨烯的电子特性而被巧妙地连接到了石墨烯样品上的金电极

尽管被归入了非金属的范畴，但石墨烯确实具有金属特性。要想用石墨烯制造出一种高效的晶体管，那石墨烯就得非常的薄，因为石墨烯越薄，就越能被精准地控制，然而到目前为止，所有切割和打磨昂贵的高品质石墨块的尝试，最后得到的全都是无用的石墨粉末。

在准备供电子显微镜观察用的石墨样本的过程中，用思高胶带清理石墨的表面已成了多年来的一种惯例。胶带会让石墨的表面成片状剥落，所以我们可以通过对折胶带来分离这些薄片，而反复的对折就能制作出更薄的薄片。克斯特亚·诺沃肖洛夫曾用镊子将一片石墨薄片放在了显微镜下，然后巧妙地为之连上了微型电极，并立刻获得了惊人的读数。事实证明，石墨薄片越薄，读数就越惊人。

石墨薄片在玻璃上是很难被看到的，但在硅上，石墨同硅表面的氧化层会产生有趣的光学干涉效应，而这会让石墨的层叠结构，甚至连一片片的石墨烯都能被看见。

他们花了数月的时间把最细小的电极连到了一片片的石墨薄片上，并逐渐发现了一种场效应，这就是电场会使石墨烯的电阻发生变化，而这种场效应恰恰是晶体管的基础，而更令人惊讶的是，一片只有一个原子那么厚的石墨烯不但非常坚固，而且十分稳定，可在这之前，人们认为这么薄的石墨烯是不可能被获得的。

碳基化学物质不仅数量巨大，而且十分复杂，比如说石化和塑料工业制造的聚合物，以及制药工业生产的能同碳基生命形式——人类——相互作用的药物。自20世纪60年代起，有机化学领域的很多研究者一直在从事实现制造石墨烯的理论可能，但最先使之成为现实的，却是从另一个科学领域中涌来的物理学家。克斯特亚说他一生都惧怕化学，可现在他们却像一块磁铁一样吸引着电化学家。

2014年，他们的论文一经发表，就将他们所有的发现都公之于众了，而他们在这个领域中的竞争对手在当天便取得了相同的成果。试图去获取一种元素的知识产权，不仅是一

利奥尼德·波诺马连科在曼彻斯特大学展示他的石墨烯量子点研发样本。石墨烯量子点具有制造能源装置——例如生物电池、太阳能电池和发光二极管——的潜在用途

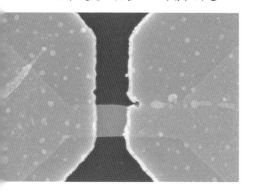

一个石墨烯晶体管的扫描电子显微图像。金触点下面是氧化硅衬底。石墨烯导线的宽度为200纳米

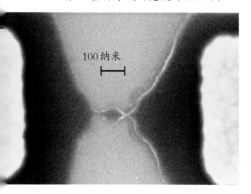

100纳米

一个用一片石墨烯雕成的量子点

种愚蠢的行为，而且会适得其反，因为石墨烯将为有机化学领域的研究者提供不计其数的机会去做出涉及方方面面的惊人的发现。

生产商现在正开始采用将碳汽化到铜上的办法来制造石墨烯。甲烷形式的碳在接近热铜的时候会分离出自身的氢原子，只留下碳原子在铜的表面键合出六边形图形，然而，曼彻斯特大学石墨烯中心的科学家小组实验所用的石墨烯，仍是用胶带从高品质的石墨块上一片片剥离下来的。

只有一个原子那么厚的石墨烯，是一个成真了的"平面国"[①]（我们将在第10章中对此做出更多的讨论）[②]，一片辽阔的碳六边形平原。六边形是填充一个二维表面最完美的形状。在三维物质中，晶体缺陷构成的通道，是一个会拦截电流，阻隔光线和削弱基质的迷宫。

海姆和诺沃肖洛夫在论文中首先描述了石墨烯的电子学特性。他们发现石墨烯的二维性质和完美而连续的六边形晶格，会让它们以一种他们所谓的"弹道"速度来传导强电流，而更重要的是，只要对石墨烯稍加调整，它们很可能就可以像硅片上几十亿个微小的开关一样被用作晶体管。

得益于硅的强大，计算机芯片中晶体管的数量每年都在增加，那为何石墨烯会让芯片领域的研究者如此兴奋呢？答案就是摩尔定律（严格来说，这是一种基于观察的预测，而非定律）。作为计算机芯片制造巨头英特尔公司的创始人之一，戈登·摩尔在1965年提出了一条经验法则：芯片中晶体管的数量每2年都会翻一倍。虽然这条经验法则的有效性一直延续到了今天，但不可能永远延续下去，因为能被刻蚀在硅

[①] 平面国是埃德温·艾博特的小说《平面国》（*Flatland*）中一个虚构的二维世界。这本小说的主旨是通过审视维度来讽刺现实世界的阶层性。科幻巨匠艾萨克·阿西莫夫曾评价这本书是"能找到的对维度感知方式最好的介绍"。——译者注

[②] 你可以在 giantsoftheinfinitesimal.com/digital-graphene.htm 上探索石墨烯的平面国世界。

硅片上的一条为测试而被连上了一个金电极阵列的石墨烯带

上的通道是受物理限制的。目前硅片上最小的通道有22纳米宽，而根据预测，最小的通道宽度到2016年将达到10纳米[①]，但石墨烯中的通道可以小于1纳米。石墨能够打破摩尔定律的限制，但十全十美的东西是不存在的，实验室里的石墨烯没立刻被带往工厂，是受到了一个事实的阻碍。芯片中的晶体管得以一种极高的速率来完成通断，但石墨烯无法满足这种要求，因为石墨烯没有硅那样的电子能带隙。人们为克服这一缺陷做了很多努力，而且确实制造出了超高速石墨烯开关，但一些研究者认为，石墨烯应该被用来发挥它们的优势，而不是勉为其难地去起到一种其原本并不具备的作用。海姆和诺沃肖洛夫同样意识到了这一点，他们在论文中写道："我们终将证明晶体管并不是这种只有一个原子那么薄的材料最令人激动的用途。"

在着眼于石墨烯其他的电子学应用之前，我们有必要总结一下石墨烯的特性：

（1）超高的载流子迁移率和高载流容量。

（2）能通过外部电场来对电流加以电场调控，即晶体管效应。

（3）极佳的导热性。

（4）宽波长范围内的高吸光率[②]（每层为2.3%）。

（5）已知最薄、最坚固（10倍于钢）、最坚硬和表面积最大的物质，其伸缩幅度能达到自身表面积的1/4。

（6）完全不渗透性（即使是对微小的氦原子来说）。

① 同前文一样，这里也存在时效性的问题。英特尔公司原本确实计划在2016年推出10纳米芯片，但研发进展并不顺利，所以能够实现量产的芯片技术工艺在2018年初依旧处于14纳米的水平上。——译者注
② 这里的高是相对而言的，因为单原子层很少有如此高的吸光率。——译者注

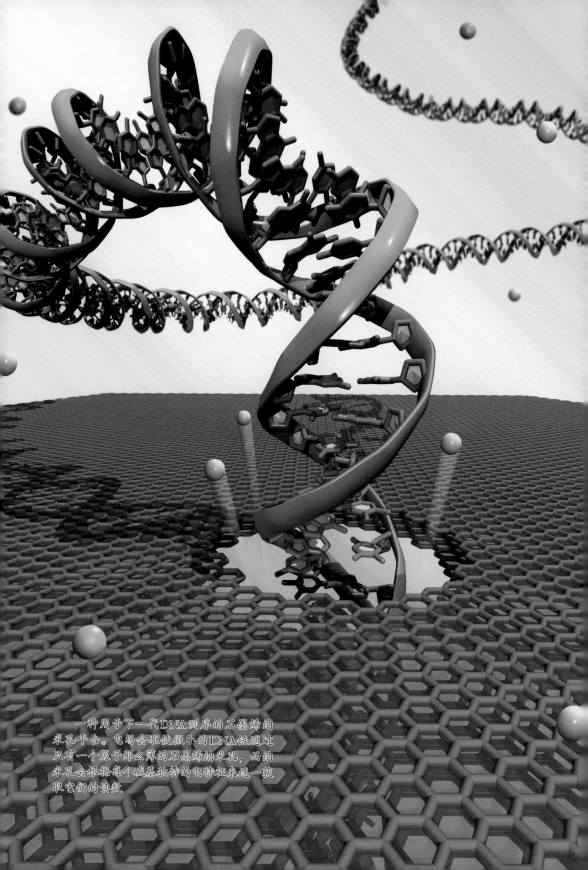

一种用于下一代DNA测序的石墨烯纳米孔平台。电场会驱使微小的DNA链通过只有一个原子那么薄的石墨烯纳米孔，而纳米孔会根据每个碱基独特的电特征来逐一获取它们的读数

有时，对一种应用的提议是建立在这些特性的组合之上的，比如说，石墨烯的强度和不可渗透性已使其在纳米孔DNA测序中得到了应用。DNA测序是地球上至关重要的技术之一。对临床医师来说，DNA测序是一种必不可少的诊断方法，而且几乎所有的生物医学和生物研究都依赖于DNA测序。最早的DNA测序法，是由诺贝尔奖二次得主弗雷德里克·桑格开发出的双脱氧测序法，其优点在于可以获得非常精准的结果，而缺点是耗时长和成本高。这种测序法曾被应用于最早的人类基因组计划——一项为了给单个人类基因组定序而耗费了10年时间和30亿美元资金的国际合作。在理想的情况下，扫描基因组会像检测血糖或进行其他的生化测试一样容易。近些年来，出现了一场"1000美元基因组"[①]开发竞赛，而且不断有新技术投入使用。在我们完成这本书之前，基因组测序的成本约为7000美元。

纳米孔DNA测序，是最引人注目的选择之一。在这种测序法中，一个长DNA分子会以一次一个碱基的方式穿过纳米孔，而纳米孔可以根据这些碱基电学特性的微弱差异来直接获取它们的读数。石墨烯是制造纳米孔的主要候选材料，但我们离可以确保其被商业化的大规模精确测定尚有一段距离。

如果石墨烯纳米孔DNA测序实现了，那将是纳米科学的一大胜利。想想看，我们只要让一个DNA分子穿过一层只有一个原子那么厚的薄膜，就可以精确地读取它的序列，这正是纳米科学的先行者所梦想的——在纳米尺度上对过程进行精确的操控。

石墨烯比玻璃还要透明，而且具有良好的伸缩性和导电性。这意味着将石墨烯应用于触摸屏技术是备受期待的（见第5章）。

当科学家探索时，他们往往会全身心地投入到一个问题当中，然后砥志研思，至死方休，但海姆和诺沃肖洛夫所采用的，却是一种颇为不同，但被证明是卓有成效的研究方法。

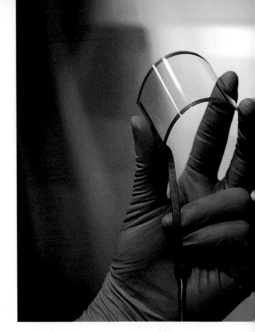

石墨烯比玻璃还要透明，而且具有良好的伸缩性和导电性。这意味着将石墨烯应用于触摸屏技术是备受期待的

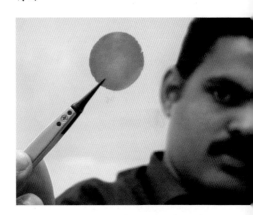

拉胡尔·纳依尔在曼彻斯特大学展示他的氧化石墨烯薄膜研究样本。这片薄膜只有1微米厚，而且只能被水渗透

[①]已成为现实。——译者注

诺沃肖洛夫于20世纪80年代在苏联的研究所开始了他的研究生涯。虽然当时的设备或许并不尽如人意，但他学会了灵活而巧妙地利用一切可供使用的东西，并将此结合上了一种同时在多项课题中打破常规知识的策略，同时做好了为在新领域实现突破而不断失败的准备。

这在他和海姆著名的"星期五实验"中得到了体现。每周五，他们团队中的各个成员都会得到"不务正业"的许可，去追求一些异想天开的想法。他们从不在意这样的努力几乎全部会化为泡影，因为他们已经不止一次地证明了，偶尔的成功可能会带来惊人的结果。

氧化石墨烯滤片就是一个很好的例子。石墨烯的结构是如此的坚固，而且——无论通常是如何被描述的——石墨烯的六边形结构非常的小，小到了连最微小的原子都无法穿过一片真空密闭的石墨烯。随着时间的推移，最小的氦气原子会缓慢地从一个玻璃容器中渗出，但它们无法通过石墨烯，然而，当我们把氧键合到石墨烯表面，并让由此形成的氧化石墨烯成层地化合在一起时，只有水可以通过这些氧化石墨烯层。

在曼彻斯特大学领导了这项实验工作的拉胡尔·纳依尔博士，给出了这样的解释："氧化石墨烯片会以一种它们之间恰好能容纳一层水分子的方式排列在一起，而这些水分子则会将自身排列成一片片只有一个分子那么厚的冰，并在石墨烯表面以一种几乎不存在摩擦力的方式滑动。如果其他的原子或分子试图来表演这种戏法，那它们便会发现石墨烯的毛细管么在低湿度下收缩了，要么被水分子给阻塞了。

这项研究的重要性是惊人的。不像一般的过滤器只能滤出矿泉水来，氧化石墨烯片可以从浑浊的水里蒸发出纯净水来（见第6章）。虽然这项技术才刚刚起步，但想一想它在干旱和灾难环境中的应用潜力。

作为一项原理验证，他们把一片氧化石墨烯薄膜封存在了一瓶伏特加里。一周后，他们欣喜地发现这瓶伏特加的酒精度从原来的40°变成了60°。汤姆有幸参加了当晚的庆祝会，并品尝了这瓶"超级伏特加"。这无疑是一次巨大的成功。

在曼彻斯特大学石墨烯中心当前的研发项目中，有很多都包含使石墨烯和其他物质形成叠层，以探索一些会产生化合作用的惊人的混合物。诺沃肖洛夫谈到了如何"通过将各种各样的物质附着在石墨烯框架上来微调石墨烯的电子特性"。

海姆补充说："现代的半导体产业会利用整个元素周期表，从绝缘体到半导体，再到金属，但要是一种物质可以被修改，以至于能覆盖电子应用所需的整个光谱会怎么样？"

"想象一片石墨烯薄片，其连接线都是由具有高电导率，处于原始状态的石墨烯所制成的，而且其余部分都经过了化学修改，以使之成为半导体——作为晶体管——或绝缘体。"

然而石墨烯存在不起眼却恼人的能带隙问题。石墨烯——就其非凡的特性而言——无法轻易地像所有人期待的那样取代硅片的这个事实，激发了人们的创造性思维和横向思考：或许存在近似于石墨烯，而且可以取代石墨烯，或者同石墨烯相结合的物质？

这项研究的重点是碳的"近亲"。硼和氮在元素周期表上分列碳的左右，这意味着它

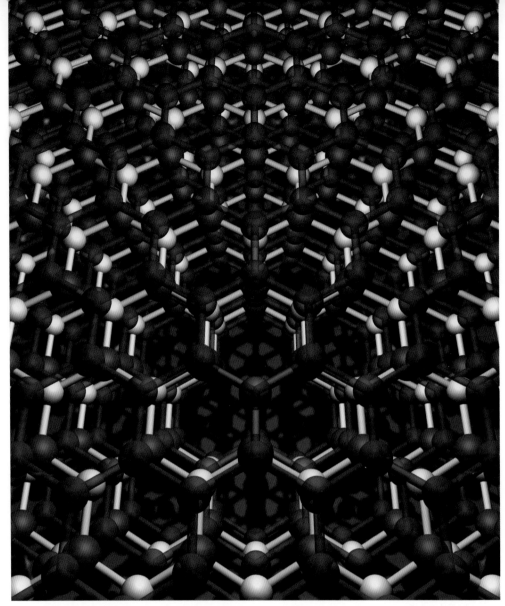

　　一种由氮化硼和石墨烯所构成的异质结构。当这两种物质几乎能完全重叠的分层相互移动时，会产生莫尔干涉图形

　　们是大小同碳相似的原子。硼和氮很容易化合成氮化硼，而氮化硼能像石墨烯一样组成六边形的薄片（通常被称为"白石墨烯"）。虽然六边形的二维氮化硼非常像石墨烯，但它们并不是完全相同的，而这使它们共同解决了一个曾持续了几十年的问题。

　　《哥德尔、艾舍尔、巴赫》的作者道格拉斯·霍夫斯塔特在1976年做出了一个预言：在电子穿过结构化晶格的能级上存在一种分形结构。分形图形——在霍夫斯塔特的研究完成之后才有了这个命名——是一种奇异的回旋状图形，其源自于会持续地将结果反馈回无

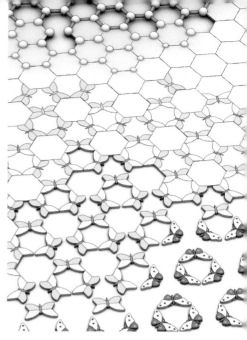

石墨烯的未来也许在于同其他元素的层压结构。这些元素主要包括被称为"白石墨烯"的氮化硼，以及所谓的二硫族元素化合物，例如具有和石墨烯相似的六边形结构的二硫化钼

一位艺术家眼中暴露在磁场中的石墨烯－氮化硼异质结构里的霍夫斯塔特蝴蝶效应。在石墨烯和氮化硼之间被创造出的干涉，也许是掌握如何调整石墨烯晶体管特性的关键

限计算中的公式。分形图形通常具有会使人产生联想的形状，而霍夫斯塔特的分形图形像是一只蝴蝶。在石墨烯和"白石墨烯"的层压技术出现之前，人们一直无法实现创造"霍夫斯塔特蝴蝶"所需的条件。这两种物质在六边形结构上细微但关键的不匹配，会创造出莫尔图形——由一对对相同的简单图形不完全叠加而成的图形——常见的复杂性，而且我们还可以通过微调来使这两种物质的分层进一步错位。

2013年，几个研究小组——包括曼彻斯特大学石墨烯小组——在二维石墨烯和氮化硼的层压结构中发现了"很难被找到的蝴蝶"。除了实现了霍夫斯塔特对蝴蝶图形的预言外，有意让石墨烯和氮化硼的夹层结构错位，还为调整石墨烯晶体管的特性提供了一种可能的办法。我们往往认为电子装置所需的，是绝对的规律性，但像这样的一种错位，或许能促使石墨烯这种非凡的物质发挥出最佳性能。

曼彻斯特大学石墨烯小组正在用氮化硼层来制造超高速石墨烯晶体管。这些石墨烯－氮化硼夹层结构的一种早期版本被称为"巨无霸"，而"这种四层结构可能会成为取代硅片的关键"。这种夹层结构—— 一种"垂直晶体管"——非常复杂，但本质上，氮化硼层会阻止电子在两片石墨烯间隧穿，因此我们可以为石墨烯层配备上常见的晶体管连接线：源极、栅极和漏极。氮化硼并不是石墨烯唯一的相似物，其他的相似物包括二硫化钼、二硒化钼、二硫化钨和二硒化钨，其被统称为二硫族元素化合物，而二硒化钼在"垂直晶体管"

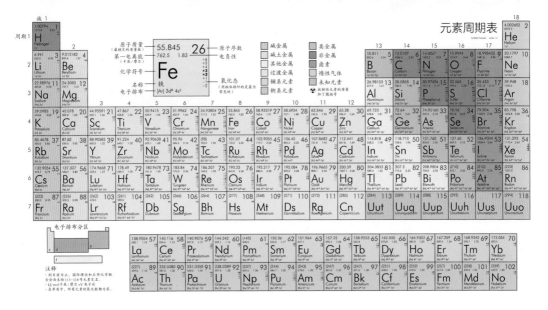

硼和氮在元素周期表上分列碳的左右，这意味着它们的原子大小是相近的。硼和氮可以化合成具有和石墨烯相似的六边形图形的氮化硼，而这种"白石墨烯"会和它"深色的伙伴"组成一个充满活力的"二人组"

中比氮化硼更为有效。

　　这些二硫族元素化合物正在被紧张地研究着，而且不断展现出了越来越多有趣的特性。二硫族元素化合物具有异乎寻常的可见性，即使是只有几个原子那么厚的二硫族元素化合物层也是可见的，因为它们会吸收很高比例的入射光。2013年，曼彻斯特大学石墨烯小组创作出了一种石墨烯－二硫族元素化合物夹层结构，同时用氮化硼掺杂剂和金纳米颗粒对其进行了微调，以使之成为一种光线收集器和光伏装置，换言之，它能把光转换为电，所以石墨烯－二硫族元素化合物是一种制造太阳能电池的潜在材料。在第一次实验中，这种夹层结构的光线采集率就达到了30%，并不比目前商用硅太阳能电池的性能差太多。在没有光线的情况下，这种装置展现出了作为一种晶体管的良好性能。此外，这样的混合物还有很多其他的发展潜力。如果说石墨烯－氮化硼混合物是"巨无霸"，那混合二维结构这一新兴领域就应被称作"平面联合国"。

　　作为掀起了IT革命的物质，硅可能是和碳关系最近的表亲，但它们的关系又不同于碳和硼以及碳和氮的关系。如果说硼和氮在盛大的原子盛宴——元素周期表——上和碳并排坐在第一排，那硅就坐在第二排。这意味着硅是一种比碳更大的原子，但它们具有相似的电子特性。在此基础上，对存在硅烯的预言于2010年得到了证实。

　　中国的一个研究小组在2012年11月做出了一项预言：被掺杂了碱土金属的硅烯具有作为一种晶体管的电子特性。伟大的物理发现往往都惊人地源于理论预测，例如最引人注目的无线电和原子弹，而在近几十年中，最好的一个例子就是1987年对存在光子晶体的预

石墨烯不具备硅型电子线路的能带隙，而海姆和诺沃肖洛夫开发出来的垂直石墨烯－氮化硼异质结构晶体管克服了这一缺点

言（见第5章）。硅烯会得到顺利的发展吗？让我们拭目以待吧。

　　然而，解决石墨烯能带隙问题最有希望的方法可能将出自碳化硅，也就是我们正在讨论的这两种关键元素的化合物。一层石墨烯会被结合到一片碳化硅片上，这一点很重要，因为这会让石墨烯符合标准化的芯片制造流程。1998年，在费尔顿·埃沃利斯的带领下，IBM公司纽约研究团队首次用石墨烯纳米管制造出了晶体管。2011年，他们又首次在一片碳化硅片上制作出了石墨烯集成电路，不过这是为射频操作而设计的，并不适合作为一种用于计算机的逻辑阵列，但1年后，埃尔朗根－纽伦堡大学的一个研究小组报告称，他们发展了IBM公司的技术，并以此在碳化硅片上制造出了一种石墨烯晶体管。这项技术将石墨巧妙地修改成了两种形式，而这两种形式能共同克服能带隙的问题。

　　石墨烯的优良品质是毋庸置疑的，但问题是，我们如何才能对其加以全面的利用呢？石墨烯有如此之多有趣的特性，以至于石墨烯在各个纳米科学领域中都起着重要作用。出于这个原因，石墨烯的故事在这里并没有结束，它将不时地出现在之后的章节中。

　　正如诺沃肖洛夫所指出的："由于石墨烯的特性是如此多样，我们有时很难全面地了解石墨烯的研究进展，但要找到你的兴趣所在也是很容易的。你可以找一个无人问津的问题加以研究，而当更多人被吸引来了时，你完全可以跳转到另一个无人问津的问题上。"

第4章 渺小的巨物

自法老和以色列人就用禾秆来制砖产生了劳动纠纷起[①]，各种各样的增强材料一直层出不穷。

——J.E.戈登，《坚固材料的新科学》[②]

[①] 这是《出埃及》第5章中的一个情节。摩西与亚伦将上帝的口谕——"让我的子民离开埃及"——传达给了法老，可法老非但不同意，还让以色列人自己去找制作砖块所需的稻草，并维持原先的砖块产量，以作为惩戒。传说归传说，但用禾秆制砖在古埃及是真实存在的，因为从尼罗河中挖出来的黏土颗粒很细，需要很长的时间才能干燥，而往黏土中掺入禾秆，不但能让黏土加速干燥，而且可以令烧制出来的砖块更为牢固。——译者注
[②] *The New Science of Strong Materials.*

波音787梦想客机含有35吨重的碳纤维复合材料。这样的高强度复合材料正在很多领域中逐步取代金属

虽然很多纳米科技材料都非常奇特，但纳米革命给我们带来的一条经验，是有不少更为普通的材料或许一直都在我们眼皮底下，却未曾被我们注意到。构成植物细胞壁和树木的纤维素，是大自然中储量最为丰富的结构材料，而我们一直在用这种材料来造纸，以及诸如人造丝、赛璐珞和玻璃纸之类的再生纤维素物质。那这类物质所有可能的用途应该在很久以前就被挖掘完了吧？但事实并非如此。

我们没必要期待纤维素会变得十分坚固。我们知道木头是相当坚硬的物质，但作为一种有生命的东西，木头又是高度结构化的，然而我们的纤维素产品——例如纸和玻璃纸——并不以强度著称。在经久不衰的游戏"石头、剪刀、布"中，布被认定为要强于石头，但仅仅是因为它能包裹住石头。

然而我们误解了这种强度游戏，因为在日常生活中可被替换使用的一些术语，在工程学中却具有极为不同的特定含义。

"强度"的意思是以张力（拉断）或压力（压碎）来破坏一种材料所需的载荷[①]。金属一般兼具良好的抗张强度和抗压强度，但建筑材料——例如砖块、石头和混凝土——只有良好的抗压强度，所以传统的建筑工艺会让整体结构处于压力下，以避免这个问题。易碎的玻璃——尤其是高纯度的玻璃——同样具有出色的抗压强度，但缺乏韧性。

"韧性"是抗裂纹扩展的能力。对纳米结构材料来说，这一要素是十分重要的。绝大多数矿物质——例如玻璃和陶瓷——都容易开裂，而且开裂会导致爆炸式的碎裂。大自然不得不解决这一问题，因为柔软的生物结构需要硬化，而大自然的解决办法是使用诸如牙釉质、骨头和鲍鱼壳之类的纳米复合物。这些纳米复合物将坚硬但易碎的组分覆盖到了一种更柔软，也更有弹性的基质（通常是蛋白质）上，以阻止裂缝发生扩散。有时这被称为一种"砖块－灰浆"结构，虽然灰浆事实上对一面墙的强度和韧性起到的作用是很小的。韧性通常比抗张强度更为重要（除了像肌肉和悬索桥钢缆这样的特定环境），而且很多东西通常都是被压碎的，而不是被拉断的。

在某些情况下，我们想要材料具有"刚度"，而在其他情况下，我们需要的则是灵活的伸缩性。一种物质的"弹性"是其单位长度伸缩（在严格意义上被称为"应变"）的百分比，所以说，当一根100厘米长的杆子在载荷下被伸缩了1厘米时，它就发生了1%的应变。注意"应变"这个词在这里的特殊用法。在工程学里，应力和应变不是一对同义词，因为"应力"指的是被施加在单位面积上的载荷，只关乎伸缩量，并不涉及物理作用力。应力和应变的关系非常简单，正如胡克定律所指出的，应变与应力成正比，所以两倍的载荷，就会产生两倍的伸缩。当载荷增加到一定程度时，材料的结构就会受损，而这种关系也就瓦解了。

---

① 亦被称为负荷、载重、荷载或结构荷重。——译者注

要完全掌握这些术语之间的关系，可能是比较困难的，所以是时候向一位伟大的材料科学先锋——工程师詹姆斯·戈登——寻求帮助了。作为《坚固材料的新科学》和《结构：为何物体会屹立不倒？》[①]的作者，他在这两本优秀的作品中揭示了如何把诸如钢、玻璃和陶瓷之类的传统材料的强度提高几千倍的新知识。此外，他还是将木头和天然纤维作为高科技材料的伟大倡导者。

为了说明材料科学的抽象概念，戈登为我们提供了一连串简单的实例：

一块饼干很坚硬，但不坚固，钢既坚硬又坚固，尼龙有弹性……而且很坚固，树莓果冻有弹性……但不坚固。

我们总是会以一种理所当然的态度来看待常见的材料。玻璃从古埃及起就开始被人类使用了，而铁的历史可以追溯到公元前2000年。如今，我们对材料结构更为深入的了解，已经让它们的性能得到了大幅度的提升。

要提高玻璃和铁的强度，其秘诀在于纯度。绝大多数传统结构材料——例如铁、玻璃和陶瓷——都存在大量的结构缺陷和杂质，而正是这些结构缺陷和杂质使得它们的强度很低。这里的原理很容易被证实。你可以取一片棉布来，然后试着把它撕裂。这很难，因为没有地方可以让裂缝产生。再取一把剪刀来，然后在刀刃上弄一个小豁口出来。如果你现在逆着豁口的方向用力地拉刀刃，那刀刃便会伴着一声清脆的响声被扯断，其原因在于在小豁口周围被创造出来的应力是如此巨大，以至于裂缝会从这里产生，然后迅速地扩散，因为在每个阶段，撕裂区域都非常的小，集中了巨大的张力。织物上细小的破洞就是一种缺陷，但这类缺陷是我们的肉眼无法看到的，因为它们在绝大多数材料中都是微观或纳观的。科学家在很久以前就知道这类材料的理论强度比实际已达到的强度要高几千倍。20世纪60年代，人们发明了新办法来创造很多材料的纯晶须，而且——没错——这些晶须具有超高的强度。最强的晶须之一，就是我们正在网球拍、一级方程式赛车和喷气式飞机中使用的碳纤维。波音公司的梦想客机主要是由碳纤维复合材料，而不是金属所制成的。每架梦想客机都含有35吨重的碳增强塑料复合材料。复合材料？如果杂质会让物体变得脆弱，那为何复合材料——两种物质的混合物——可以让一架喷气式飞机保持完整呢？

在单一材料的深层结构中，缺陷即位错。复合材料是被混杂在一起的两种截然不同的物质。在一种复合材料中，两种物质特性是互补的，比如说，玻璃有很高的抗拉强度，但极不坚固，而树脂虽不坚固，但富有弹性。玻璃纤维兼具这两种材料的优点，但没有它们的缺点。型钢混凝土是一个更为生动的例子。混凝土的抗张强度很高，所以你可以把混凝土高高地堆叠成水坝，但混凝土几乎完全没有抗张强度，一根长度略超过2米的混凝土梁很容易从中间发生断裂，然而将钢贯穿于混凝土中（更好的做法是拉伸钢），然后在钢的

---

① *Structures: Or Why Things Don't Fall Down.*

一种纳米纤维素胶体。几千年来，纤维素这种大自然中最主要的结构材料一直被人类用来制作木材和纸张。经过纳米处理的纤维素有望成为碳纳米管的一种廉价版本

周围放置水泥，并将之压实，可以让混凝土兼具很高的抗张和抗压强度。

很多非凡的材料都含有同时连接着不同基团的长链碳原子。所有的塑料都属于这类材料，而碳纤维、碳纳米管、DNA和石墨烯也是。碳能做的似乎是没有止境的。事实上，碳链能生出无数种有用的材料。

就纳米纤维素而言，其长链最初是由活的植物所形成的。纳米纤维素有三种。最常见，而且已被广泛使用的一种是微纤化纤维素。这种纤维素是通过机械方式从木头中提取出来的，而且没有非纤维素组分，比如木质素。这种纤维素非常的长，而且在纳米材料中是相对较厚的。它们一般会被用于包装和制造药片，但最为重要的用途是和塑料一起被用来制造坚固的复合材料。

微纤化纤维素有一部分是结晶化的，还有一部分是无定形的。通过酸解让结晶化的那部分离析，就会产生纳米晶体纤维素（NCC[①]）。这种透明的纤维素非常坚固，而且具有良好的光学（彩虹色）和电学特性。细菌纳米纤维素——顾名思义——是一种由细菌所制成的生物技术产品。相比于纳米晶体纤维素，这种纤维素的质量更胜一筹，但制造成本也更为昂贵。这种纤维素具有绝佳的声学特性，而这种特性在索尼公司生产的耳机中得到了利用。超薄纳米纤维素振膜将铝或钛在高音中的优势同纸振膜可以产生的偏暖的低音结合在了一起。

第一家商业性的纳米结晶纤维素工厂，是由法国和加拿大的合资企业CelluForce于2011年11月在魁北克省温莎市开设的。CelluForce公司提供的纳米结晶纤维素具有在高强度复合材料、纺织品、电子产品中众多的潜在用途，但最为关键的是，使用这种材料来实现彩虹色的结构色的可能。虽然实现结构色的途径有很多（见第5章），但纳米结晶纤维素很可能会被证明是更具有成本效益的。

2012年夏天，美国林务局林产品实验室开设了全美第一家林基纳米材料（例如纳米结晶纤维素）生产中心。普杜大学纳米林业实验室的首席研究员杰夫·扬布拉德就纳米结晶纤维素谈了他的看法："它是碳纳米管的一种廉价的天然可再生版本。"事实上，碳纳米管和石墨烯很多被人们吹捧的用途，都是纳米纤维素所具有的，但后者处理起来更为容易，而且成本也更低。

① 即 nanocrystalline cellulose。——译者注

鲍鱼这种原产于太平洋的贝类水生动物，既具有由其贝壳所带来的坚固性，也具有一种混杂了蛋白质和碳化钙的天然合成物内表层上的蛋白光。右侧的金属板展示了剑桥大学的一个研究小组对这一过程的复制已达到了什么程度（经麦克米伦出版集团许可重印：*Nature Communications* 3, Article number: 966(2012) doi:10.1038/ncomms1970. Copyright © 2012）

　　纳米纤维素的一个主要用途是同合成塑料——通常是聚乙烯或聚丙烯—— 一起被制成复合材料。本质上，这和制造玻璃纤维的想法是完全相同的，都是以纤维素来提供高抗张强度。虽然这种想法很吸引人，但它必须克服塑料具有强拒水性，但纤维素却具有强亲水性的这个事实。这种不相容性限制了这两种材料的接合，但幸运的是，有些物质能通过同这两种组分相键合来弥合这种差异，而最常见的一种就是马来酐这种简单的有机分子。

　　纳米纤维素是众多正在被开发中的坚固材料之一。在过去的几十年中，技术专家一直渴望合成出鲍鱼珍珠母这种存在于鲍鱼壳里彩虹色的材料。这种颜色源于蛋白质和碳化钙矿物互层，其原理和光学多层膜的原理是相同的（见第5章），但鲍鱼的这种颜色只是其复合结构的一种附带效果。碳化钙是一种坚硬但易碎的矿物。在进化历程中，大自然不得不解决的一个问题，就是有机细胞结构永远都无法产生分子结构紧密的承重骨骼，以及像牙齿和钳子这样的武器。大自然中不存在自由形态的金属，所以大自然想出了一种办法——一种我们从70多年前才开始模仿的方法——来化合有机物和易碎的材料，以制造坚固的防碎物体，而鲍鱼壳就是最好的例子。

　　为了弄清鲍鱼的秘密，并从技术上对其进行模仿，科学家花费了几十年的时间，但直到2012年，人们才成功地实现了对鲍鱼层状结构的全面复制。

　　大自然用碳化钙这类材料来制造纳米结构的部分秘密，是以蛋白质来阻止矿物的正常结晶。首先，碳化钙会被保持在一种非结晶状态中，然后会被蛋白质作为模板来制造碳化钙单晶。在没有蛋白质的情况下，碳化钙单晶是不可能成形的。

鹦鹉螺展示了自然纳米工程精妙的几何结构，其生长螺旋只不过是由一侧的加速生长所造成的，而壳体的蛋白光则是由碳酸钙和蛋白质薄薄的互层所产生的

乌尔里希·斯坦纳教授和亚历克斯·芬尼莫尔博士在剑桥大学卡文迪什实验室的研究小组已经确认了鲍鱼珍珠母产生的5个关键阶段，并且在一次实验室合成中以一种忠实于自然进程的方式成功地重现了这几个阶段。他们使用的方法是循环让一种聚合物和无定形的碳酸钙沉积在一片载玻片上，其晶体形状会形成贯穿聚合物层的连接，这一点很重要，因为在没有这些桥接的情况下，聚合物层和碳酸钙层可能会相互滑动。

同天然的珍珠母相比，这种合成物同样是彩虹色的，而更为重要的是，这种合成物能承受住会粉碎碳酸钙单晶的载荷。

说完了纤维素和碳酸钙，黏土怎么样？黏土是最早被人类使用的结构材料之一，而且我们正是靠陶罐才知晓了一些史前文明，例如生活在公元前1900—前1800年的宽口陶器人。制陶是一项很多人都体验过的传统工艺，但普普通通的黏土怎样才能成为一种高科技材料呢？

事实上，黏土是另一种有待被纳入复合材料之列的易碎矿物。不同于碳酸钙，黏土具有一种片状的分层结构，这也解释了为何在加入水后，黏土会变得非常光滑，而且很容易被塑造成任何形状。对纳米结构化的复合材料来说，黏土易碎的纳米薄片是一种理想的高硬度组分，因为鲍鱼式的层状结构可以在黏土合成物中被创造出来。密西根大学的化学工程学教授尼古拉斯·科托夫用一种黏土（蒙脱石）和常见的聚乙酸乙烯酯聚合物创造出了高强度的纳米复合材料。为了模仿鲍鱼的层状结构，他设计了一套系统。在这套系统中，一个机器人手臂会将黏土的纳米薄片和胶水一层层交替地堆叠起来。怎么来理解这一过程中涉及的纳米结构化呢？每300层塑料和胶水只有一张塑料包装膜那么厚。

虽然坚固的纳米复合材料有着十分光明的发展前景，但仍旧存在一个阻碍。使用纳米技术的关键在于制造大而坚固的物体。大自然会用纳米结构来制造高达115米，直径为8米的巨型红杉树。这里的问题在于把纳米结构按比例放大，而这显然是大自然所擅长的。

科托夫进一步发展了这项技术，他增加一种3D元素、一种额外的结构和长度尺度，其方法是在一种由直径为100微米的聚苯乙烯珠连接而成的模板上堆叠黏土层和聚乙酸乙

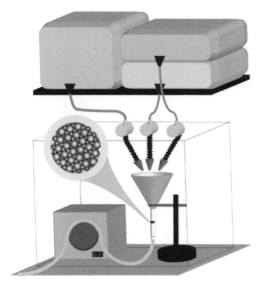

分层纳米复合材料的形成。要复制天然的纳米复合物，堆叠大量的薄层是必不可少的。在尼古拉斯·科托夫设计的方法中，150层黏土和150层胶水会交替地叠加成一种厚度只有一张塑料包装膜那么厚的薄层（经《材料科学》许可重印：*Chemistry of Materials*, 24, 9–11. Copyright © 2012 American Chemical Society）

烯酯层。这些聚苯乙烯珠会在300层黏土和聚乙酸乙烯酯完成沉积后溶解。用这种办法可以在一个足以制造物体的尺度上获得一种非常复杂的三维泡沫状结构。

如果说木头、白垩和黏土这些常见的材料有一些我们不知道的特性，那我们更为熟悉的材料有没有可能也具有这样的特性？土、空气、火和水是古希腊的四大元素。我们现在对它们有了更多的了解：它们似乎是"元素"，可从现代化学的角度来看，它们并不是。自然元素总共有92种，但古希腊的四大元素无一位列其中。火甚至不是一种物质，而是一种过程。土是矿物王国，其中充满了无数种由真正的元素所构成的化合物。空气是由几种气体所构成的混合物，而这些气体中有一些是元素——主要是氢和氧——的分子形式。

然而从纳米技术的角度来看，古希腊人的这种分类有一定的可取之处，因为这可以作为潜在纳米材料的一种指引性隐喻。"土"自然意味着黏土和矿物，例如被大自然纳米充分结构化了的碳酸钙和二氧化硅。空气和水似乎不大可能是制造坚固材料的候选，但它们是植物制造自身纤维素结构的主要原料。对高科技产业来说，很多关键材料都是稀缺的，但水和空气是充裕的。要是我们可以像大自然一样用这些并非元素物质的原始物质来制造可塑的固态材料，那不好极了吗？

足以令人惊讶的是，事实证明我们可以！水在少量（含量约3%）黏土的帮助下就可以变成可塑的固态材料。在东京大学相田卓三教授的带领下，日本和韩国的一个研究小组开发出了可塑的坚固材料，其构成包括97%的水、黏土，以及一种特殊的成分，也就是使这一切成为可能的树枝状聚合物。这些聚合物是一种多枝状的大分子，这些分子大量的悬垂端能形成一种连接黏土颗粒，同时封闭水的坚固网络。像绝大多数纳米技术一样，这种想法似乎也是完全反直觉的，但可塑的水凝胶（"水塑料"）可以通过约翰逊博士的真实性测试[1]：它是固态的——你朝它踢一脚，能弄疼你的脚趾。

这种可塑的水凝胶是在常温下通过一种简单的试管反应被制造出来的。第四种成

---

[1] 这里的约翰逊博士是指英国诗人塞缪尔·约翰逊，而真实性测试指的是约翰逊说过的一句颇具哲学意味的话："一贯同理论相矛盾的人的经验，是真理最好的证明。"——译者注

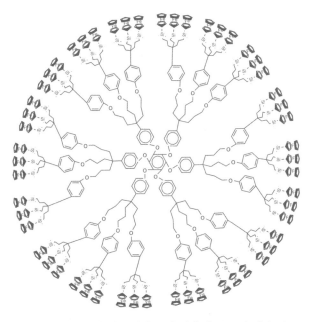

树枝状聚合物是一种长而尖的大分子。这种分子可以结合纳米颗粒形成一种低密度网络

分——聚丙烯酸钠——会使黏土颗粒分散，然后附着在树枝状聚合物的末端，而随之产生的就是一种形态稳定，而且具有自行修复特性的透明方块。刚被切开的方块会紧紧地粘在一起，然后表面的缺口会弥合起来。水塑料制造起来很简单，而且是一种环保物质（基本上是黏土和水），所以我们肯定能发现它的用途。

水塑料是一种富有弹性的聚合物，其97%的构成都是被树枝状聚合物和极少量的黏土颗粒聚合起来的水。水塑料是一种固体，而且具有一种自行修复的特性

　　既然水可以被制成固体，那空气呢？事实上，主要由空气所制成的坚固物质在可塑的水凝胶出现以前就有了。我们在很久以前就知道一种制造坚固材料的自相矛盾的办法，是排出大部分固态物质。复合板蜂窝状的中心既坚固，又异常的轻。这种想法主要是趋向于由气孔所组成的固态泡沫，而这在很久以前就以气凝胶的形式被实现了。

　　气凝胶是美国化学家塞缪尔·斯蒂芬斯·基斯特勒（1900—1975）在1929年发明的。气凝胶是一种当水从中被排出，并被空气取代后，其结构依然能保持完整的泡沫，而制造气凝胶最常见的材料，是同样被大自然用来制造海洋放射虫六边形结构的二氧化硅。自从被发明出来后，气凝胶已获得了长足的发展，但其制造成本依旧贵得惊人。它们的主要用途是在航天工程技术中作为绝热体，以及太空尘埃的样本采集器。

　　它们有何特别之处吗？气凝胶是已知密度最低的物质。它们是如此的纤细，以至于被称为"固态烟雾"。它们几乎是透明的，但有一种不太明显的怪异的淡蓝色泽。它们的抗

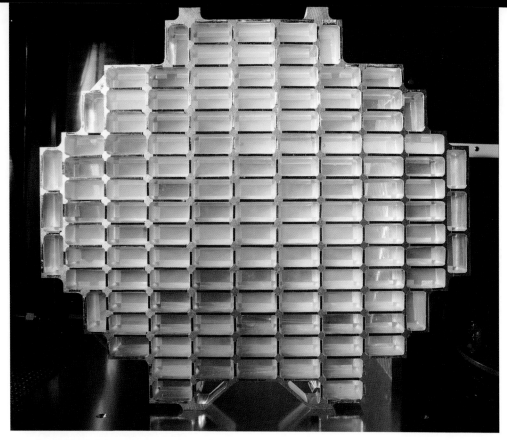

美国国家航空航天局用于"星尘任务"（1999-2011）的气凝胶太空尘埃收集器。这种超轻的固态气凝胶泡沫极适合被用于捕捉微小的碎片，无论是一般的太空尘埃，还是彗星尘埃

压强度很高，但最重要的是，它们是地球上效能最高的隔热体。被放在气凝胶上的火柴无法被气凝胶下方的本生灯点燃。如果气凝胶能被更廉价地制造出来，那它们便会彻底地变革隔热技术。

气凝胶中的空气比例在文献中有不同的记录，但较为可靠的比例超过了96%。无论从哪个方面来看，气凝胶都是最为新奇的材料之一，所以有人开设了一个自己动手制作气凝胶的网站（www.aerogel.org）也就不足为奇了。这个网站上有很多制造气凝胶的方法。即使你没有实施这些方法所需的设备，例如裂解炉，你还能在这个网站上找到很多有关气凝胶的最新消息，比如说，气凝胶会定期打破最轻材料的世界纪录。

早期的气凝胶是由二氧化硅制成的，但碳目前正在逐步取代二氧化硅。在马提亚斯·梅克伦伯格的带领下，汉堡-哈尔堡科技大学的一个研究小组在一种氧化锌晶体模板上开发出了气石墨①。值得一提的是，氧化锌本身就是一种新奇的纳米材料。这种晶体的形

---

① Aerographite 通常被译成了飞行石墨，但前缀 aero- 在这里指的是空气，而不是飞行器，所以正确的翻译应该是气石墨。——译者注。

气凝胶是目前已知最好的隔热体，但高昂的成本阻止了气凝胶彻底变革家庭隔热方式

状像是一种用于保护堤岸和港口的四面体混凝土块——扭王字块①。首先，碳会从蒸气中沉积在氧化锌上，然后氧化锌模板会被用氢处理，并随之瓦解（因为氢可以把氧化锌还原成锌粉），而剩下的就是一种低密度碳网络。这种碳基质的密度仅为空气的1/6，因为空气在其中所占的比例达到了99.99%。2013年2月，浙江大学高超教授的研究小组宣称，通过冷冻干燥一种碳纳米管和石墨烯的混合物，他们制造出了一种具有更低密度（160g/m³）的气凝胶（气石墨的密度为180g/m³），其结构是由被石墨烯薄壁连接起来的纳米管所构成的。这种气凝胶可以充当海绵，能吸收900倍于其自身质量的油。

我们考虑过的所有物质都是合成物（即使是气凝胶，其成分也不全是空气），但技术专家希望能复制出来的一种原始自然材料，早已解决了在单一分子里混入两种必要组分——坚硬但易碎的结晶组分，以及柔软的弹性组分——的难题，而这种材料就是蜘蛛丝。

---

① 更为形象的一种比喻，是二战中常见的一种反坦克障碍物——捷克刺猬。——译者注

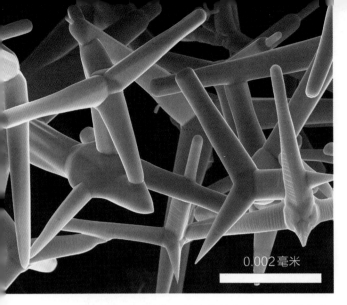

纳米"扭王字块"。制造气凝胶泡沫的一种方法，是把氧化锌的纳米结构作为模板，并在制作完成后抛弃氧化锌组分

尼龙有一种同蜘蛛丝相似的主链结构，所以在必要时可以被视为一种合成蜘蛛丝，但相比于尼龙和用于制造防弹衣的凯夫拉®，蜘蛛丝有一个巨大的优势。作为一种蛋白质，蜘蛛丝的抗张强度大约是钢的6倍。虽然比不上凯夫拉®的抗张强度，但蜘蛛丝更为坚固，比如说，蜘蛛丝有着更好的抗裂性能。

20世纪90年代，蜘蛛丝的基因序列被测定了出来，随后人们开始尝试通过基因工程来制造高质量的丝线，最先使用的是细菌，而后是山羊。山羊？没错！在千禧年之交，人们极为乐观地认为商业蜘蛛丝的时代即将到来，而山羊将成为这种新型材料的"代孕者"。当时，一家刚成立但资金充裕的加拿大公司Nexia培育出了一种转基因山羊。这种山羊的奶中可以分泌出蜘蛛丝来。和会造成污染的尼龙高温制造工序不同，用这种办法能以一种天然的方式从天然牧场里放养的动物身上收获这种丝线。

但事实证明用这种方式制造出来的丝线的质量很差，所以Nexia公司很快就经营不下去了。研究者意识到除了以蛋白质作为蜘蛛丝的原料外，蜘蛛织网还有其他的诀窍。一种圆蛛可以为蛛网的不同部分制造7种不同的蜘蛛丝，例如悬挂蜘蛛网的牵引丝，蜘蛛网中心部分的黏性捕丝，以及绒毛状的卵袋丝，等等。要把这些蜘蛛丝结成网，需要精细的物理和化学方法来微调最终形成的蜘蛛丝。技术专家应该已经猜到了这一点，因为尼龙最初的脆弱性让人们认为它是一种失败的产品，直至一种冷拔法——一种纯物理方法——得到了尝试之后，我们所知的这种坚固的材料才被制造出来。

自2002年起，我们对蜘蛛是如何控制水分、酸平衡和剪力来形成蜘蛛丝的纳米结构有了更多的了解，但从技术上对其进行复制仍旧是一个难题。这些研究成果促使人们找到了一些新办法来制造与蜘蛛丝类似的蚕丝。虽然从技术上来看，蚕丝比不上蜘蛛丝，但通过新的处理技术，人们已经找到了具有装饰以外用途的新型丝线的制造办法。

蜘蛛会纺丝，但方法是把蜘蛛丝浇铸成薄膜。在塔夫茨大学大卫·卡普兰教授的带领下，研究者为这种薄膜打开了一扇通往潜在新用途的大门。在这些极为光滑的透明薄膜中，同生物相容性和生物降解性一样，坚固性仍旧是十分重要的，但最为特别之处是其光学特

西蒙·皮尔斯和尼古拉斯·戈德利完成了一项壮举,他们在马达加斯加用120万只马达加斯加金丝蛛的蛛丝制造出了这件刺绣蜘蛛丝披肩。2011年,这件披肩在维多利亚和阿尔伯特博物馆的展出中赢得了盛赞

一种金丝蛛,络新妇蛛(学名为Nephila clavipes)。圆蛛能制造出最好的蜘蛛丝,但从圆蛛身上获得数量足以实现商业盈利的蜘蛛丝是不可能的,因为它们具有一种攻击天性。科学家多年来一直在寻找克隆这种蜘蛛丝基因的办法,以作为大规模生产的一种途径,但这个目标至今仍旧难以实现

性,而卡普兰和他的同事菲奥伦佐·奥梅内托博士基于这一点创造出了一些引人注目的光学戏法(见第5章)。

不同于温顺的蚕蛾,蜘蛛具有一种攻击天性,所以将蜘蛛用于商业丝线生产是不可能的,但蜘蛛丝是如此特别,以至于有人决定要克服种种困难来获取这种材料。达尔文树皮蛛(学名为Caerostris darwini)能织出面积最大的圆蛛网,直径可达25米,而且具有最为坚固的牵引丝,但蜘蛛中的织网女王是马达加斯加金丝蛛(学名为Nephila inaurata madagascaeirensis)。这种蜘蛛的体长可达5厘米,而且它们织出来的巨大的深金色蛛网是你绝不想撞上去的。西蒙·皮尔斯和尼古拉斯·戈德利在马达加斯加花了4年的时间,用120万只雌性马达加斯加金丝蛛的蛛丝制造出了一件披肩和一条披巾。这两件丝织物在伦敦维多利亚和阿尔伯特博物馆展出时引起了巨大的轰动,因为除了它们的自然色彩令人惊讶以外,皮尔斯和戈德利还让当地的手艺人为它们绣上了美观的刺绣图案。

这两样蜘蛛丝织物和批量生产的高科技材料没有任何关系,因为我们无法用工业方法来抽取蜘蛛丝,而且这个项目完全是一次性的,尽管确实展示了蜘蛛丝这种材料的美观性、坚固性和耐用性。如果具有和天然圆蛛蛛丝相同特性的合成蜘蛛丝可以被制造出来,那我们便会拥有一种特殊材料。

第5章　让光服从于我们的意志

相比于电，光可以让一台计算机运行得更快、更高效，但光也更难被控制。工程师多年来一直渴望找到一种能以硅片组织电的方式来操控光的材料，但问题是光太容易传导了。

——光子晶体先锋萨吉夫·约翰

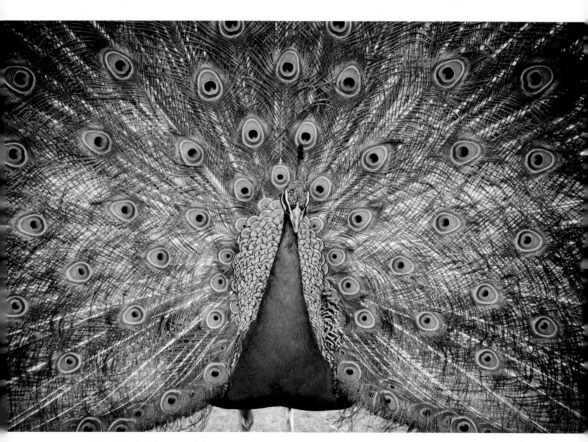

孔雀开屏的华丽不仅是由明亮的色素所引起的，还源于被调节到了特定光波波长的纳米结构

根据定义，纳米科学涉及的是一切哪怕你用光学显微镜也无法看到的东西。乍看之下，这是令人十分沮丧的，但纳米材料的很多特性是如此引人注目，以至于这些特性确实具有非常显眼的效应。事实上，很多目前已知最为惊人的光学效应，都是由纳米现象所引起的。

以孔雀的尾巴为例。如果你通过一台光学显微镜来观察孔雀的羽毛，那你便会看到它们实际上全是黄褐色的，而我们平时在孔雀尾巴上看到的鲜艳色彩，其实是从羽毛的纳米结构，也就是羽小支上反射回来的光。光之所以会反射回来，是因为羽小支的结构是在一个存在特定光波波长的尺度上形成的，所以有些颜色的反射比会大幅增加，而另一些颜色的反射则会受阻。

以这种方式产生的颜色被称为结构色，而这正是光子学的核心问题。作为有史以来最伟大的科学诗集《物性论》的作者，古罗马诗人卢克莱修（公元前99—前55）是结构色的先驱。他是这样记述他对孔雀的观察的：

> 颜色本身会被光的变化改变，
> 这取决于光束是垂直，还是倾斜地
> 照耀在颜色上的
> ……
> 一只孔雀的尾巴，在耀眼的光芒中，
> 会随着它的移动和转动变换色彩。

对结构色变化过程更为细致的描述，可见于托马斯·曼在《浮士德博士》中对大闪蝶翅膀的描写：

> 它们展示出来的最绚烂的颜色，一个宛如秀丽碧空的梦……全然不是一种真实的颜色，而是由它们翅鳞上细小的凹痕和其他的表层组态所产生的色彩，一种微小的结构在光线不自然的折射，以及对绝大多数光线的排斥下，只让最纯正的蓝光映入了我们的眼帘。

那是哪些波长产生了这些效应呢？人们一般认为纳米尺度的覆盖范围为1～1000纳米。1000纳米是1微米，而微米尺度正是光学显微镜开始生效的尺度。可见光处于纳米尺度的中间范围，所以可见光的波长约为400～700纳米，两头分别是紫光和红光，因此紫外线和红外线刚好超过了人类视觉的极限。

孔雀的晕彩和你在油坑和肥皂泡里，或者在光盘上看到的彩虹效应是相似的。这些颜色之所以会随着视角的改变而变化，是因为光在纳米结构面之间传导的距离会随着角度发生变化。这会在一张光盘上制造出完整的彩虹光谱，但有些自然纳米结构在不同视角下呈现出来的颜色基本是相同的，或者至少是相似的，不会出现在完整的彩虹光谱中变化的情况。大闪蝶以其艳蓝色的晕彩而著称。随着视角的变化，大闪蝶的颜色会从紫蓝色逐渐变成青色，但你绝对不会看到黄色或红色。其原因在于蝴蝶发明了一种仍是人类技术能力的极限才可触及的东西——3D光子晶体，一种会把特定波长的光限制在自身结构中，不允许

无论从什么角度看，蓝闪蝶总会呈现出艳蓝色的晕彩

如果你细看蝴蝶的翅膀，那你便会发现它们实际上是由无数细小的翅鳞所构成的（知识共享：穆罕默德·马埃迪·卡里姆）

蝴蝶翅膀上一片片的翅鳞。这些纳米结构化的翅鳞没有色素颜色，而且会对特定波长的光造成干涉

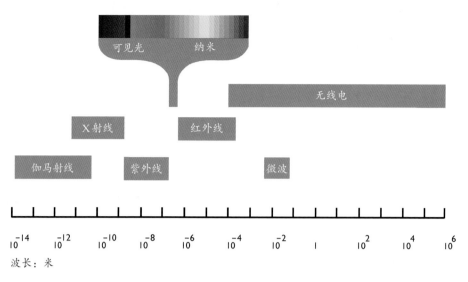

可见光　纳米

无线电

X射线　　红外线

伽马射线　　紫外线　　　微波

10^{-14}　10^{-12}　10^{-10}　10^{-8}　10^{-6}　10^{-2}　1　10^{2}　10^{4}　10^{6}

波长：米

电磁波谱中只有极小一部分是可见光谱。想要制造出结构色，那我们就得在一种特定彩光1/2的波长尺度（200～350纳米）上制作出纳米结构来

它们逃逸，同时会增强其他波长的装置。

那为何这对纳米技术专家来说或许是有用的呢？光存在的问题在于扩散性，扩散性会使光的传播很难被约束，但光子晶体却可以做到这点。如果你让一条由晶体缺陷所构成的路径穿过一个3D光子晶体，那光便只会沿着这条路径传导，而这就实现了对光的控制。

光子晶体听起来似乎是一个直观的仿生学实例，一种我们出于技术目的而试图模仿的惊人的自然能力，但寻找光子晶体最初的推动力，并非源于蝴蝶或大自然。光子晶体的发现和19世纪无线电波的发现一样，都是纯理论思考的巨大胜利。

物理学家埃利·雅布罗诺维奇和萨吉夫·约翰在1987年做出了一项预言：某些晶体结构应该具有一种同半导体的电子能带隙类似的光学能带隙。4年后，雅布罗诺维奇通过在一块电介质上以精准的角度钻洞，创造出了首个3D光子晶体——Yablonovite[①]，一种类似于金刚石晶体结构的电介质气孔基质，但其孔洞大小远没有达到纳米级，而是厘米级的，而且这种晶体只对微波辐射（1毫米～1米）有效。

想要创造出我们在蝴蝶翅膀上看到的晕彩，那我们便需要纳米级的光子晶体结构，其周期性的长度尺度必须是可见光波长的1/2，也就是200纳米（蓝光）～350纳米（红光）。虽然用于光学信息处理的红外辐射的长度尺度约是可见光的2倍，但按Yablonovite的标准来看，这还是太小了。自从Yablonovite被创造出来以后，人们便开始了对这类晶体持之以恒的创造。

孔雀和只存在于印度尼西亚苏拉威西岛上的燕尾蝶（学名为papilio blumei）的翅膀

---

① 这种3D光子晶体正是以雅布罗诺维奇的名字命名的。后缀 -ite 指的是矿物或岩石。

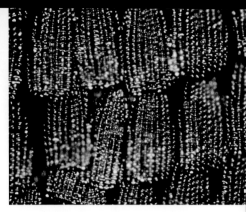

沉积在一个凹陷中的氧化铝和二氧化钛互层,可以呈现出孔雀或绿尾蝶(学名为 Papilio blumei)的结构色

绿尾蝶翅鳞上显现出来的蓝色和绿色的晕彩,是由纳米结构化的几丁质所产生的。这种蝴蝶只存在于印度尼西亚的苏拉威西岛上

上都有一种艳青色的斑点。正如人们为弄清蝴蝶到底是如何实现它们特殊的颜色效果所做的尝试一样,在杰瑞米·鲍姆伯格和皮特·武库西奇的带领下,剑桥大学和埃克塞特大学通过合作创造出了一种合成对应物。在纳米尺度上,蝴蝶的晕彩是由排列在会将特定波长的光反射回来,并将其余的光统统吸收的多层膜上的凹坑所产生的。这种人造版本的制造方法是先把聚苯乙烯球沉积在二氧化硅上,然后往这些球体的间隙里填充电镀金或电镀铂,最后用超声波振荡法移除这些球体,以创造出之后会排列在氧化铝和二氧化钛互层上的纳米坑,而创造出晕彩的,正是这两层物质相差巨大的折射率。我们不仅能用这种合成物复制出蝴蝶的颜色,而且通过微调纳米坑的尺寸,我们还能使之显现出不同的颜色,乃至图形(他们在论文中使用了剑桥大学的徽章)。这意味着这种合成物的一个用途是创造难以伪造的安全标记,例如信用卡上的安全标识。

结构色是一种纯粹的物理现象,但这种现象在大自然中似乎只会出现在动物身上,不过任何有关结构色只同动物存在关联的猜疑现在都可以打消了,因为剑桥大学乌尔里希·斯坦纳教授的实验室成员西尔维娅·维尼奥利尼最近在一项研究中发现,弹珠莓[①](学名为 Pollia condensata)外皮的多层纳米结构会使其呈现出湖蓝色的结构色。这种纳米结构有着厚度不一的细胞,而这使得这种水果具有一种像素化的外形。这种植物已经有几百万年的历史了,所以如果它们惊人的光学性能更早一些被发现,那分色主义绘画和计算机图形学或许早就出现了。

最早被人们当作光子晶体模型的并不是蝴蝶,而是蛋白石。蛋白石是一种由几百万颗微小的二氧化硅球凝聚而成的天然矿物光子晶体。能够形成蛋白石的地质环境很罕见。在这种地质环境中,直径为150～300纳米的二氧化硅颗粒会沉积在岩石的裂隙中,然后形成一种矿物自组,所以合成出光子晶体的潜在途径之一,是尝试模仿在结构上比蝴蝶翅鳞

---

① 一种原产于非洲的浆果。——译者注

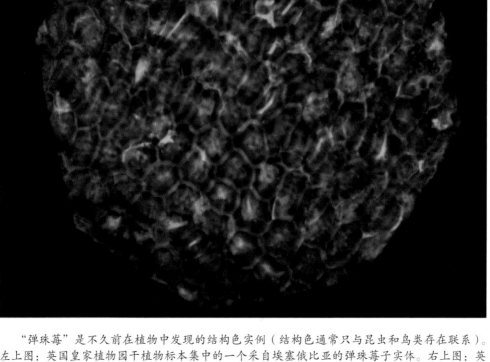

　　"弹珠莓"是不久前在植物中发现的结构色实例（结构色通常只与昆虫和鸟类存在联系）。
左上图：英国皇家植物园干植物标本集中的一个采自埃塞俄比亚的弹珠莓子实体。右上图：英
国皇家植物园干植物标本集中的一个采自加纳的弹珠莓果实。底图：利用荧光显微法呈现出来
的"弹珠莓"带有绿色和紫红色斑点的像素化外观

一块外形粗糙的天然蛋白石呈现出了绿色和红色的晕彩。蛋白石是由纳米级的二氧化硅颗粒凝聚而成的。这块蛋白石标本采自埃塞俄比亚

要简单的蛋白石。

千禧年之交，杰出的纳米生物学家杰弗里·厄津和萨吉夫·约翰共同创造出了反蛋白石结构光子晶体，其方法是让材料沉积在蛋白石中二氧化硅球之间的缝隙里，然后把这些二氧化硅球给溶解掉。反蛋白石具有和蛋白石相同的光学效应，但反蛋白石的优点，是可以在一种更适合整合电子元件的材料中被制造出来。遗憾的是，较大的反蛋白石很难被制造出来，因为它们在干燥后便会开裂，但乔安娜·艾森伯格的研究小组于2010年在哈佛大学合成出了一种不会开裂的蛋白石薄膜。不同于先创造出大量的纳米球，然后使材料渗入这些纳米球之间的缝隙里，她使用了一种共组法，换言之，这些球体和它们之间的材料是同时形成的。这项涉及聚合物球体在一种二氧化硅胶体中自组的技术，可以避免因球体干燥而开裂。最后，当这些球体通过燃烧的方式被移除后，就形成了一种完美的二氧化硅反蛋白石结构。

如果说对3D光子晶体圣杯的搜寻是一场持续了20多年的苦旅，那我们也许很快便能抵达终点了。有几个研究小组正在以不同的方式来完善光子晶体，而其中最为精妙的一种方式是"反柴堆法"。想象一个真正的柴堆。一根根长度相同的木柴按特定的间距（同它们的直径成特定的比率）被挨个放在了一起，而另一排间距相同的木柴以正确的角度被放在了这些木柴上。所有的木柴都是以这种方式被堆叠起来的。如果你往这个柴堆上浇石膏，那石膏便会填满这些木柴之间的间隙。当石膏固定之后，如果把木柴烧光，那剩下的就是

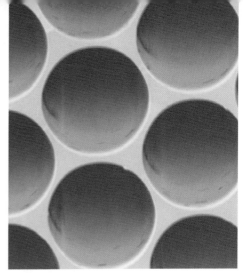

光子晶体纤维的截面图和特写图。气孔同固态核心在折射率上的巨大差异，会引导光穿过中心的实心部分

一个规则的孔洞结构。纳米技术专家已经能用合适的材料将这样的结构按比例缩小了。如此一来，这种结构的孔洞就能同可见光的波长相匹配，而这就是一种3D光子晶体。

这20多年来对3D光子晶体的研究，主要集中于如何构造能够完美成形的3D光子晶体，但2013年2月，在野田进的带领下，京都大学的一个研究小组超越性地展示了光是如何在一个硅柴堆光子晶体中沿着一条复杂的路径传导的。他们在光子晶体中创造出的一种由晶体缺陷所构成的图形会引导光的传导，而这正是研究者一直在探寻的。

然而光可以在计算机制造中取代电，作为使数学计算，以及文字、图像和音频处理成为可能的逻辑门的传导对象吗？人们对此有不同的观点。埃利·雅布罗诺维奇所持的是怀疑态度："全光学计算机没有太大的意义，因为绝大多数逻辑门在大部分时间里都是处于闲置状态的，只有少数会持续地工作，而在光学中，光在任何情况下都在消散能量，所以我们需要的，是像电这种只有在操控逻辑门的时候才会消耗能量的东西。"但野田进的研究小组并不认同这种观点。他们为自己的发现预测了很多用途，而且在论文的结尾处写道："我们离最终实现光子控制的这个目标不远了。"

无可争辩的是，光学已对信息技术造成了深远的影响。光盘、扫描仪、数码相机和条形码扫描器，都涉及光学信号和电信号的相互转换。此外，铜缆的性能不足以传送全球范围内巨大的网络流量，所以作为替代，我们使用了在20世纪60年代发明的光缆。全世界主干网使用的全是光缆。

远距离电信线路使用的光纤都是高纯度的玻璃，这样一根被另一种镀层玻璃包裹着的细细的纤维，可以呈现出距离达数英里的全内反射。最简单的情况是两层玻璃，一层包裹着另一层，内层和镀层的直径分别为8~9微米和125微米。以纳米标准来看，这似乎太

中世纪教堂里的彩色玻璃是等离激元学的首个实例。被加入到熔融态玻璃中的氧化金可以创造出直径约为20纳米（会产生一种深红色）或80纳米（会产生一种橙黄色）的金颗粒。照射在一种金属上的光会创造出一种表面等离激元，其中电子会像在池塘中来回荡漾的水一样保持同步振荡。当电子以特定的频率振荡时，等离激元会在共振中吸收并散射光，从而制造出颜色

大了（8微米是8000纳米），但考虑到同时被传送的成千上万条信息从根上来说都是二进制的数字，所以这就是纳米。在微观结构化的纤维中，大量的气孔会穿过纤维，以至于纤维的横截面看起来就像是一台锅炉管暴露在外的蒸汽机锅炉的末端。

纤维充当着光的向导，而光线会随着纤维的弯曲而弯曲[①]——这是自由的光束无法做到的。这意味着进入光缆的脉冲光能以很小的损耗按指定的长距离线路——例如越洋线路——被发送出去。玻璃的这种特性是这个时代给我们带来的惊喜之一——这种传统材料在其纯度被极大地提升后，将具备我们从未曾想象过的特性。

在某种意义上，现代的高速光学通信网络，是一套在一个更为复杂和强大的纳米尺度上古老的旗语和闪光信令系统。闪光是通过超高速红外激光，以及让能够同时传输海量的电话或互联网数据包的光缆进行多路传输所实现的。在2000年的互联网泡沫时期，全球铺

---

① 值得一提的是，光缆的弯曲会加大光的损耗，所以光缆在一般情况下都是以直线铺设的。——译者注

设的光缆数量据说远超过了通信量的实际需求，真正得到了使用的光缆容量只占1%。

那光纤是否意味着我们已经拥有光学计算了？不是。光缆是一种只会传导被输入到它们里面的电子脉冲的被动元件，不会进行数据处理。在被输入光缆之前，所有的电子脉冲都必须转换成激光脉冲，而这就需要激光二级管。在传输完成后，光电器件会使原先的电子信号得以还原。大体上，这和传统的话筒录音的原理是相同的。话筒会把声音变成之后可以用扩音器或扬声器还原成声音的电信号。光纤无法处理数据跟麦克风线缆处理不了声音信号是一样的。光纤唯一的用途就是传输。

然而个人计算机中和整个互联网上的数据量是如此巨大，以至于光传输正变得越来越重要。要满足这些需求，就需要比只是把所有数据汇入光纤干线网络要更为复杂的光学处理技术。我们想在计算机中混用电子和光学元件，但这会出现问题，因为从根本上说，芯片是扁平的，而光纤是圆柱形的。

然而宾夕法尼亚州立大学和南安普顿大学的一个联合研究小组，已设法在一根光纤中创造出了能够发射、探测、调制或增幅光脉冲的电子接点。这种光纤是目前最为复杂的一种微结构光纤（MOF[①]）。要想在这些像蜂窝状细管一样的通道中创造出半导体结构，那就得把掺杂剂连续地气相沉积到这些通道中，但对光学计算和其他用途来说，这是一个问题。正如我们所看到的，可见光的波长为400～700纳米，而光纤通信使用的红外激光的波长为1200～1500纳米，但计算机芯片的尺寸正在被缩小至10纳米，所以要将光控制在纳米结构芯片的通道里，光波波长似乎将成为一个不可逾越的障碍，然而光子学的一个全新领域逐渐显现出了一种克服这一障碍的办法。光和物质的相互作用甚至比爱因斯坦所猜想的还要微妙。

在光子结构中打破光波波长障碍的关键，涉及了光和电子在金属——通常是同二氧化硅这类电介质化合在一起的金或银——表层的相互作用。这就是等离激元学，而被称为超材料的等离激元材料可以压缩入射光的波长。

光子晶体先锋埃利·雅布罗诺维奇和他在加利福尼亚大学的研究小组用一种直观的方式实现了对入射光波长的压缩。他们创造出了一种由金和二氧化硅所构成的夹层[②]锥形物，而被输入到这种装置中的激光的波长为830纳米，远低于这种装置80纳米×14纳米的最小截面面积。由于这种装置是在一个芯片上被创造出来的，所以要将其整合到光学装置中是非常容易的。

一种在硅表面被制作出来的金制超材料装置。超材料可以实现不寻常的光学效应和电子效应，比如说，超材料可以在无线电天线里对无线电波的波长进行压缩

① 即 microstructured optical fibre。——译者注
② 外层为金，内层为二氧化硅。——译者注

宾夕法尼亚大学的瑞提什·阿加瓦尔在纳米线中利用光学限制证明了光学逻辑门的可行性。他的研究小组用硫化镉纳米线创造出了计算机电路的基本构筑基元之一——与非门。在数字逻辑中，与非门是一个"与非"函数，换言之，两个正信号（1+1）会产生一个值为0的输出信号，而阿加瓦尔在纳米线电路中实现与非门的方式，是用一束激光来阻止另一束的传导。

对有关全光学计算机是否具有可行性的辩论来说，这是一项重要贡献，但这意味着一个光学计算机芯片在静止状态下，它所有的电路都得保持工作，因为0活动只能通过一束激光来阻止另一束的传导来实现。这很像人类的神经系统。在人类的神经系统中，静止只能通过神经元的抑制来实现，换言之，神经元无法像电子逻辑门一样在静止状态和活动状态间切换，因为对神经元来说，静止就会死亡。帕金森症患者的身体之所以会出现无法控制的抖动，正是因为神经元正常的抑制机制出问题了。在光子技术中，创造抑制或许会被证明是非常耗能（一个人的大脑即使在休息状态中也会消耗这个人20%的能量）和复杂的。

有一些超材料具有一种有趣的特性——负折射率。当空气中的光穿过透明的材料时，光路会发生弯曲。每一种透明的材料都具有一个由其结构和密度所决定的折射指数。在正常情况下，每一种已知物质都具有一个正折射系数，但超材料可以逆向折射光（和传统的反射不是一回事），而这可以使物体在特定波长的光下变得不可见。

1968年，俄罗斯物理学家维克托·韦谢拉戈成为第一个对在众目睽睽下把物体隐藏起

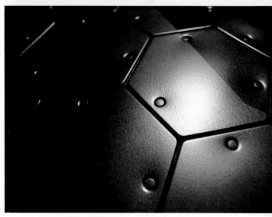

一种由BAE Systems公司研发出来的隐形装置。覆盖在坦克表面的六边形面板可以复制周围环境的温度，因此能确保坦克在夜间不会被红外探测设备给捕捉到

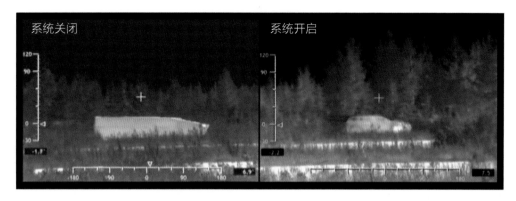

系统关闭　　　　　　　　　　　　　　　系统开启

BAE Systems公司的坦克在红外影像中的轮廓可以被改变，以模仿各种物体的形状，比如说，坦克可以被伪装成一辆无辜的轿车。这些相互独立的面板可以像像素一样被控制，以创造出不同的整体形状（Copyright © 2013 BAE Systems）

来的可能性做出预测的人，但相关研究直至2000年才正式开始，起点是英国物理学家约翰·彭德里爵士发表的一篇论文。彭德里爵士参与了2006年对相关原理的物理演示。当然，每个人都想看到的，是在光天化日之下消失的物体，但事实证明把物体在其他波长的光下隐藏起来是更为容易的。

2006年的物理演示使用的是波长为35毫米的辐射，这是一个无线电频率，同波长是其10万倍小的可见光谱相去甚远。事实上，用超材料隐藏物体的效果是有限的，超材料确实能将物体表面小的隆起部分隐藏起来，但无法隐藏独立的物体，所以超材料更为重要的用途，可能是在移动电话和路由器中将无线电波压缩进它们的天线里。

隐形衣在2013年春季迎来了井喷，各种各样的隐形技术都得到了应用，这其中包括约翰·豪厄尔的三项能在镜子的配合下把大体积物体隐藏起来的非高科技光子技术。这些镜子能让在隐形区域对反射或折射光，以呈现出隐形区域对应的背景，其中一项技术——包含两套镜子——正是魔术师把物体变没了的戏法的关键所在。虽然这三项技术只有从唯一一个角度来看才会生效，但这在一项潜在的应用——使一颗地球轨道卫星隐形——中并不会成为一个问题。

另一个极端是由帝国理工学院的马丁·麦考尔所发现的时间隐形。在干涉图样的一种高速激光版本中，麦考尔能分离数据流，以至于数据流在某些地方能够相互抵消。数据可以在这些被取消了时间性的小片区域中被隐藏起来，然后被合法的接收者恢复（后者尚未被实现，但存在希望），换言之，这就是一种新型加密技术。

新加坡南洋理工大学的张柏乐教授用方解石制作出了一种能够在水下把厘米级的物体隐藏起来的隐形衣。张教授目前已设法从"方解石＋现实＝复视"的公式中制造出了一种零物体效果。

当然，对绝大多数人来说，最令人激动的是在正常光线下对人类视觉的隐形，但技术应用很可能会使用微波或红外线。杜克大学的研究者创造出了一种"看上去像是一个用瑞士干酪做的飞盘"的微波隐形衣，同时声称任何人都可以用一台标准的3D打印机制作出这种装置，但问题在于要使用这样一件隐形衣，那你就需要微波技术。这是电磁光谱叫人沮丧的地方之一。在宏观尺度上被制作出来的物体只能同微波或红外线一起起作用，要同可见光一

一件由东京大学的多知进所发明的隐形衣。这种装置会把背景的影像投射到实验对象的正面上，而且会通过负折射来弯曲光

起起作用，那物体就必须具有纳米结构，但杜克大学的雅罗斯拉夫·乌尔朱莫夫相信这项技术可以按比例被缩小到纳米尺度上。

其实已经有一种实用的隐形衣了。我们知道现代战争在夜间会用到依赖于温度的红外摄像头和红外辐射，而BAE Systems公司便基于这一点开发出了一种坦克隐形装置。这种装置会感知背景温度，然后会使坦克表面的一种覆盖层（一种被螺丝固定在坦克装甲上的六边形适应性面板）加热或冷却，以匹配背景温度。一辆引擎处于运转中的坦克通常要比周围的环境热得多，所以在这种覆盖层完成冷却之后，这辆坦克就会从红外寻像器中消失。

这种坦克伪装远不止简单的伪装那么简单。BAE Systems公司的亚历克斯·帕菲特之前在巴斯大学的仿生学和自然技术中心研究过章鱼和乌贼的伪装。这些头足类动物是大自然中技艺高超的伪装专家，因为它们不像蝴蝶那样具有固定图案。它们可以感知并复制环境或其他生物，而且在所有的办法都失败了的情况下，它们还可以创造出闪烁的光图案。

在战争中，BAE Systems公司的这种适应性伪装可能会是十分有用的。这种伪装不仅可以使物体消失，还可以让它们看上去像是其他东西。战场上最为著名的欺诈战术之一是英国人在1942年的阿拉曼战役中所使用的。英国人用一种简易的可拆卸式帆布罩把坦克和野战炮伪装成了卡车，而这种帆布罩平时的用途是为武器遮阳。在战役开始前，英国人将大规模的坦克和野战炮集群连夜转移到了覆盖着这些帆布罩的阵地上，同时在后方留下了这些武器的仿制品。德国人第二天白天的侦察显示，英国人在夜里并未改变他们的阵地部署，可事实上，那些看似没有危险的卡车群才是英国人真正的前沿阵地。

这是老式的伪装方式。装备有这种适应性伪装的坦克，现在能创造出其他形状——例如一辆轿车的形状——的红外线信号。这些伪装都是预编程的，所以可以随时根据需要来切换。这种适应性伪装技术的优点在于简易和耐用，而这两种特性在残酷的战争环境中是至关重要的，但要求更高的超材料隐形技术究竟会不会出现在坦克上，我们只能拭目以待了。

最为复杂的超材料结构之一是G型螺旋立方体（gyroid[①]）。这种由数学家阿兰·舍恩在1970年发现的几何图形，是一种无限相连的曲面，非常像会卷曲回起点，并留下孔状网络的莫比乌斯带。G型螺旋立方体在结构上还同光子晶体十分相似。2011年，杰瑞米·鲍姆伯格教授和他的纳米光子学研究小组在剑桥大学的卡文迪什实验室合成出了第一种具有G型螺旋立方体形态结构的纳米光学超材料。

这项技术是以自组来制作一种复杂结构，以及解开大自然是如何创造出赋予了蝴蝶翅膀以绚丽晕彩的主动光学结构这个古老的谜团最为巧妙的范例之一。

我们在第1章中看到了洗涤剂分子的亲水头和疏水尾是如何构成皂膜的。鲍姆伯格的研究小组共聚合了三种虽会连接在一起，但实际上会产生三重相互排斥的聚合物（异戊二烯、苯乙烯和环氧乙烷）。它们的头无法触及尾，而且头和尾皆不能屈从于中心部位。想

---

① gyroid在这里被译成了G型螺旋立方体的原因有二。其一，从构词法上来看，gyroid的前缀gyr-是gryo-的变体，意指环、螺旋和回旋，而后缀-oid的意思是（与前缀的所指）类似的，所以gyroid的字面含义就是螺旋体，但这种含义过于宽泛，不具备特指性。其二，gyroid在汉语中没有明确的对应词，有人将之译成了"螺旋二十四面体"，但这种译法没有理据性，虽然gyroid的整体形态确实是立方体，但它实际上是一种无限相连的三周期最小曲面，不适合用"多少个面"来表述。——译者注

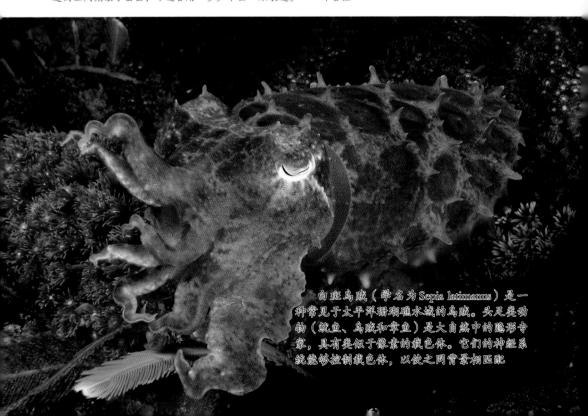

白斑乌贼（学名为 Sepia latimanus）是一种常见于太平洋珊瑚礁水域的乌贼。头足类动物（鱿鱼、乌贼和章鱼）是大自然中的隐形专家，具有类似于像素的载色体。它们的神经系统能够控制载色体，以使之同背景相匹配

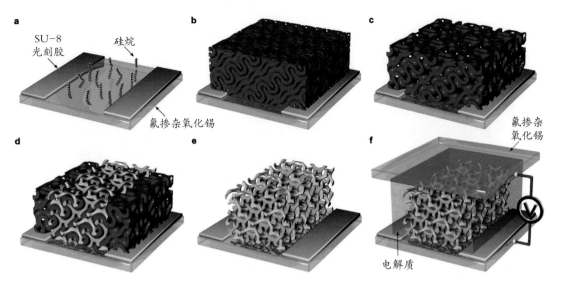

a

SU-8
光刻胶   硅烷

氟掺杂氧化锡

b

c

氟掺杂
氧化锡

d

e

f

电解质

　　G型螺旋立方体是一种在一些蝴蝶的翅膀上发现的复杂结构。合成G型螺旋立方体可以从嵌段共聚物中被创造出来

象一下它们在引导下共同形成一种固体块时必须创造出来的绳结图形。事实上，它们创造出来的是一种双G型螺旋立方体，也就是两种锁合在了一起的G型螺旋立方体形态。

　　尽管这种"三嵌段共聚物"是透明的，但它们具有一种隐藏起来的复杂结构。异戊二烯会通过紫外线蚀刻被移除，而金则会被电沉积到异戊二烯留下的G型螺旋立方体的空间中。在这之后，其他两种聚合物会被溶液给溶解掉，留下"多孔金"——一种像海绵一样具有复杂的几何空隙的G型螺旋立方体。这种材料在白光下会呈现出晕彩。正如雅布罗诺维奇对会使蝴蝶显现出晕彩的光子晶体所做的理论预测一样，G型螺旋立方体进一步地让大自然和合成纳米科学趋向一致。自从G型螺旋立方体被发现以后，人们便开始怀疑有些蝴蝶所使用的，或许正是这种图形，但受制于显微镜技术，这种怀疑曾长时间未得到证实，然而在2012年，耶鲁大学的维诺德·库玛尔·萨拉纳森和理查德·普兰教授证明了有些五彩斑斓的蝴蝶——尤其是北美刺柏灰蝶（学名为Callophrys gryneus）——不仅使用的就是这种图形，而且这些G型螺旋立方体形态在形成机制上和鲍姆伯格的G型螺旋立方体是如出一辙的。

　　当然，蝴蝶不会像人类一样使用塑料，因为合成聚合物在大自然中是不存在的，但细胞膜却利用了双分子层同样具有的互斥现象来生成G型螺旋立方体形态。此外，同合成物很像的是，当双G型螺旋立方体形成后，蝴蝶翅鳞中的活细胞便会死去，留下一种由几丁质——昆虫世界中的通用结构材料——所构成的G型螺旋立方体。

　　这解开了大自然中最大的谜团之一——一种一旦到了适当的位置上便会成为没有生命的惰性物体的物质，是如何形成像蝴蝶的翅鳞和鸟的羽毛这样的结构的呢？那是什么在大

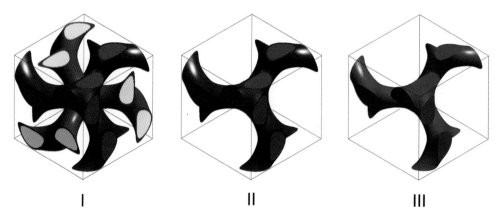

| I | II | III |

G型螺旋立方体在北美刺柏灰蝶翅鳞中的形成模型。蝴蝶翅鳞中的细胞在死亡后会留下一种由几丁质所构成的G型螺旋立方体

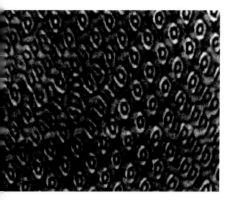

一种三嵌段共聚物的透射式电子显微图像展示了形成中的G型螺旋立方体结构

英国刺柏灰蝶（学名为Callophrys gryneus gryneus）会使用G型螺旋立方体结构来生成翅膀上的颜色

自然中负责塑形呢？记住，G型螺旋立方体是一种连续的表面，而大自然和人类在偶然间都发现了这种可以被用来创造复杂的自组形状的结构化原理。在理解大自然和在创造新技术的进程中，能创造出复杂形状的互斥分子原理将会为我们带来更多的收获。自组只是方式，而光学魔术才是我们的目标。

虽然有很多光电子魔法会永远隐匿在高科技装置中，但有一些会惊人地出现在各个消费领域中，比如说，蛋白石也许会被证明是一条通往光子晶体光学处理器的成功途径，虽然它们正在光电子学以外的诸多领域中显现出新的潜在用途。绝大多数合成蛋白石和合成反蛋白石都是坚硬的结晶物质，但其中有一些是富有弹性的。杰瑞米·鲍姆伯格开发出了一套系统。在这套系统中，坚硬的聚苯乙烯纳米球会被一种柔软的聚甲基丙烯酸酯材料包裹起来，而这种坚硬的球体会在压缩下被迫自组成一种基质。

由此形成的材料是一种五彩斑斓的纳米结构团。当受到拉扯或挤压时，这种纳米结构团的颜色会随着结晶结构维度的变化而变化，而另一个版本会随着温度改变颜色，所以这种聚合物蛋白石具有一种潜在的传感用途——颜色的变化将意味着结构发生了弯曲。此外，因为这种效应不但非常精确，而且也很难被实现，所以我们可以在安保装置中对这种蛋白石加以应用。

　　然而这种蛋白石最佳的现实用途可能将是装饰。它们可以被制造成丝线，然后被编织进针织服装中，而编织的松紧程度在交替下可以制造出渐变的颜色变化。聚合物蛋白石在时尚界被用于创造新奇东西的潜力，已经被时装品牌Rainbow Winters旗下专长于使用最前沿的高科技材料的设计师艾米·温特斯实现了，而这显然是冥冥中注定了的，因为温特斯解释说："当我就创造一种伸缩反应服装的大致想法同剑桥企业联系时，我被告之已经有人建议他们让我来制作变色服装了，而且他们很愿意同我合作。"在2012年春季的巴黎时装周上，艾米·温特斯展示了会因蛋白石被拉伸而呈现出渐变色的莱卡液态臂环、紧身连衫裤和裹腿。

杰瑞米·鲍姆伯格的研究小组开发出来的聚合物蛋白石在受到拉伸和挤压的情况下会改变颜色

　　时尚将高深的光子学带到了T形台上，而家用照明也正在被光子学彻底改变。光在未来也会被作为一种传递信息的介质，但一场初步的光学革命已经开始了。我们之所以需要光，首先是因为我们要用光来照明，而发光二极管这种最初被视为会在计算机中发出红光和绿光的微小信号灯，正在以极快的速度涌入可见光的各个应用领域。

　　发光二极管是为发光，而不是为在信息处理应用中控制电子脉冲而设计的晶体管。考虑到半导体是以它们极小的尺寸而著称的，所以发光二极管所有的早期应用都涉及将发光二极管作为微小的光源，也就不足为奇了。发光二极管有多小呢？一个灯头直径仅为30毫米的袖珍手电筒，便需要一个由16个发光二极管所构成的阵列。

　　发光二极管技术正在不断地得到发展，但用发光二极管制造出暖白光一直是一个难题。让我们把目光移向另一项光学纳米技术——量子点。虽然量子点听起来像是一种很奇异的东西，但它们却以最简单的方式展示出了纳米领域中最为重要的原理之一。量子点是由两种包含100～10万个原子的化合物（例如硒化镉和硫化镉，或者砷化铟和磷化铟）所构成的。它们会通过一种被称为量子限域[①]（源于晶体的微小尺寸）的效应来发光，而光的颜色取决于晶体的大小，所以只要通过改变晶体的尺寸就可以汇集完整的色谱。

　　量子点是在20世纪80年代初被发现的，但它们直到现在才在很多技术领域中变得重要起来。桑德拉·罗森塔尔在范德比尔特大学的研究小组发现了一种会产生暖白光的硒化镉量子点，而这正是发光二极管产业一直在寻找的。发光二极管有望彻底改变家用照明，但这项技术还需要进一步完善，尤其是要使之能同老式钨丝灯泡的暖光相匹敌。

　　得益于Nexxus公司和QD Vision公司——一家从麻省理工学院独立出来的公司——

[①] 量子限域效应是指当一种物质的大小小于等于电子波函数的德布罗意波长（或者直径≤10纳米）时，其电子特性和光学特性会发生改变。——译者注

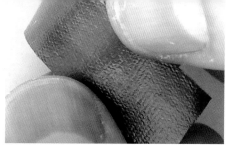

一片有弹性的蛋白石在拉伸下呈现出了从蓝绿到橙黄的渐变色

时尚设计师艾米·温特斯在2012年春季的巴黎时装秀上展示了一系列使用了鲍姆伯格的变色弹性聚合物蛋白石的艺术作品

的合作，量子点灯在2010年进入了美国市场。因为白色量子点尚不具备商用需求的光产率，所以Nexxus公司通过彩色量子点的组合创造出了白光。这些量子点会组成一块被一个发光二极管阵列照亮的荧光体面板，以创造出节能荧光和卤素灯泡的一种有效替代品。2012年，罗森塔尔的研究小组发现了一种极为简单的提升白光量子点效率的方法。在用甲酸——蚂蚁叮咬时使用的正是这种简单的有机酸——处理后，白光量子点的光产率会从8%升到45%。

为"答谢"弹性蛋白石是光子学赠与时尚界的礼物这种恭维，丝绸这种最为奢华的织物之一已开始具备高科技用途了，而这一切都始于我们在第4章中提到的人们长久以来对蜘蛛丝艰难的探求。塔夫茨大学的大卫·卡普兰是在丝线上投入了最多时间的研究者之一。受制于蜘蛛丝的问题，他采用了复原蚕丝作为替代，并发现了处理复原蚕丝的新办法。在源于生物的灵感上，我们可能太过保守了。蜘蛛丝显然会让人想到纤维，但有什么理由说蜘蛛丝是不可能被浇铸成薄膜的？当大卫·卡普兰开始制造丝膜时，菲奥伦佐·奥梅内托这位自称曾是一个"飞秒激光迷"——换言之，就是一个对天然物质及过程没有特殊兴趣的先锋物理学家——的物理学家对此产生了兴趣，但他很快就意识到了既坚固又光滑的丝膜可以在一个能制造出蝴蝶式或蛋白石式光学效应的尺度上

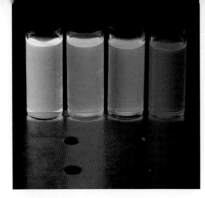

量子点是一种纳米颗粒，其明亮的色彩是由量子限域效应所产生的。它们的颜色可以通过改变颗粒的尺寸得到调节

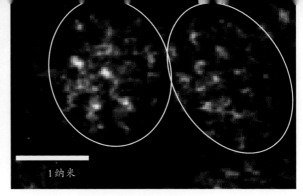

1 纳米

图像左侧较亮的点是桑德拉·罗森塔尔在范德比尔特大学的实验室创造出来的增强型白色量子点

被压印上纳米图形。

　　卡普兰现在已能用环保的水冷退火技术制造出定制丝膜了，而且他和奥梅内托一起为这种丝膜找到了一系列的用途，比如说，它们可以创造出全息标志。丝线甚至已被用于制造反蛋白石，丝线光子学最大的优势在于丝线具有生物相容性。基于丝线的光子结构可以在医疗应用中被植入人体，而且在使用完后会生物降解。丝线的防腐特性可以让像蛋白质和抗生素这样的生物活性剂在常温的丝线中被保存很长的时间。

　　不足为奇的是，石墨烯在光学魔术中的重要性正日益增强。具有弹性，一种良好的导体，透明，即使只有一个原子那么厚，也能吸收大量的光，这些优点意味着石墨烯有一种重要的潜在用途。IT革命的一位无名英雄，是一种被称为氧化铟锡的物质。在智能手机的语境中，ITO①并不是一个短信体首字母缩略词②，而是会使一切成为可能的氧化铟锡的简称。氧化铟锡是智能手机屏幕的主要成分。这种物质的重要性源于它将高导电率和高透明度结合在了一起。奇怪的是，在石墨烯到来之前，氧化铟锡是人类发现的唯一一种透明的导电物质。跟氧化铟锡相比，石墨烯有一个巨大的优势，这就是石墨烯具有弹性，而且可以在全世界任意一个地方用常见的材料被制作出来，而制作氧化铟锡所需的铟却是稀有的。

　　石墨烯在发光二极管中的作用，是提供一种能为发光二极管供电的弹性电极。高纯度的石墨烯存在缺陷，但韩国的一个研究小组在2010年展示了一种通过将半导体纳米柱以正确的角度固定在一片石墨烯上的方式制作出来的发光二极管。石墨烯不但会以自身极高的坚固性和弹性为这些纳米柱提供结构支撑，而且会以自身出色的导电性将电流传输到这些纳米柱中，以使之发光。

　　石墨烯最大的希望，是制造出可弯曲的智能手机、电子阅读器和其他设备，但想用石

---

① 即 indium tin oxide。——译者注
② 也就是一般只会在文字即时通讯中被使用的首字母缩略词，常用的例子有 FTF（面对面）和 CWOT（纯粹浪费时间）。——译者注

菲奥伦佐·奥梅内托和大卫·卡普兰在塔夫茨大学用丝膜制造出来的一个彩虹色标志。用特殊办法二次处理过的丝绸是一种创造纳米光子装置的理想材料

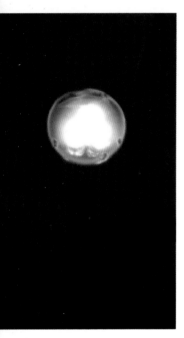

一个明亮的暖白光硫化镉量子点灯。发光二极管灯现在只能发出偏蓝色的白光，所以制造出暖白光已成了发光二极管产业的圣杯

墨烯取代氧化铟锡这种标准的透明导体，那我们就得给石墨烯一点帮助。埃克塞特大学的一个研究小组发现，在两层石墨烯之间插入氯化铁这种简单的化学物质，会产生一种导电性能更好，但和石墨烯一样透明的弹性导体。

石墨烯在光学应用中的作用也许远不只是提供一种富有弹性的透明导体。早在2003年就出现了大量有关石墨烯非凡的光传感性能的报告。这可能会让石墨烯具备两种新的用途：作为数码相机和智能手机的传感器，以及太阳能电池的光线收集器。

然而我们在第3章中提到的夹层装置，可能才是最具发展潜力的。在这些装置中，石墨烯会同与之类似的物质——例如二硫化钼——一起被用于传导。它们可以充当电子晶体管，但它们的光敏度是如此出色，以至于它们几乎无疑可以取代目前用于图像采集的硅，不过前提是它们可以被大批量生产出来。这种新型传感器在低光下有着极为出色的表现（有一些的光敏度据称比现有的标准技术要高1000倍），而这正是当前手机摄像头的弱点之一。此外，这种类似石墨烯的物质是一种非常好的太阳能转换器，在性能上要优于传统的硅太阳能板。纳米光子学很可能是纳米科学中最具潜力的领域。在由电子学所推动的IT革命中，光子学的贡献并不多，但在光明的未来，这两个学科将肩并肩地推动科学技术的发展。

第6章 来自空气中的汽油

将新鲜空气变成了汽油的科学家。

——史蒂·夫康纳,《独立报》,2012年10月19日

布鲁塞尔索尼安森林中成熟的山毛榉和新生的幼树。这是大自然创造可再生高能生物质的传统方法

《独立报》的这个标题旨在让读者顿生惊愕，觉得这一壮举似乎堪比五饼二鱼①或水上漫步，但这种耸动视听的手法确实暴露出了我们对空气化学成分奇怪的无知。树木粗壮的枝干主要是由空气和水所制成，而土壤只是提供了还不及树木总质量3%的微量元素。那汽油可以替代空气和水来制造树木吗？因为汽油也是由空气和水所制成的，虽然是极为不新鲜的空气，或者说，是5000万～6500万年前地球上的空气。我们所有的生物质是由化学物质所构成的，主要包括三种元素——碳、氢和氧，而燃料则更为简单——煤炭就是碳，而汽油和石油都是碳和氢的化合物。

　　《独立报》的这个标题所关乎的，其实并不是什么新鲜内容，它指的是一家名为空气燃料合成②的英国初创公司。这家公司用二氧化碳和水制造出了1升汽油，并打算按比例扩大这一过程的规模。这种化学过程很容易理解，而且——作为一项原理验证——每个人都可以这么做，但难就难在如何才能使其成为一个工业过程。德国人在两次世界大战中用煤炭制造出了石油，而南非人在种族隔离时期也做到了。任何含有碳的东西都可以被转换成石油。二氧化碳显然含有碳，不过是错误类型的碳。能量来自于可被燃烧（意味着可被氧化）的物质，而二氧化碳是从碳中提取能量，同时为每个碳原子配备两个氢原子的产物。我们想用二氧化碳这种我们能从中再次提取出能量的物质创造出另一种物质。热力学第一定律告诉我们，我们无法凭空得到某物，所以要把二氧化碳变成一种可以被提取出更多能量的形式，就得使用能量来把二氧化碳转换为类似于构成活植物的氢化形式，但我们在这个问题上显然毫无进展。那些多年以前将煤炭变成石油的办法是有价值的，尽管需被注入的能量比能被提取出来的要多，但没有石油的话，你能用煤炭来驱动交通工具吗——一个由于战争或贸易禁运而无法进口石油的国家会发现，要让汽车和飞机保持运行的唯一办法，就是从煤炭中合成出汽油来。

　　我们能打破这种能量困境吗？当然能，只是要以煤炭和石油最初形成的方式，通过阳光、空气和水来打破。如果存在一个对地球上的生命和我们的生命支持系统，以及我们对未来的希望来说至关重要的过程，那这个过程就是俘获太阳能量，然后将之转换成植物生长和繁殖所需的物质和能量的过程。多亏了由植物创造出来的能量和生物燃料，像人类这样的动物才能生存，获取能量，生长和繁衍，而我们的技术文明依赖于源于远古有机物的化石能源。要再一次从二氧化碳中提取出能量，那我们就得学着像植物一样聪明，学着利用太阳能。

　　植物会使用阳光来分解二氧化碳和水，以制造生物质。这是我们需要复制出来的过程，而且最好是使用阳光，但使用其他的可再生能源也许也可以，但前提是我们能使之在经济上变得可行。二氧化碳自由地存在于大气中，但浓度很低（按体积计算，目前是

① 据圣经记载，耶稣曾用五张饼和两条鱼让5000个听他传道的人吃饱了晚餐。
② 即 Air Fuel Synthesis。

这座发电厂排出的废气含有高浓度的二氧化碳。能够把二氧化碳重新转换成有用的能量，并以此来减少这座发电站碳排放量的工艺流程正在开发中

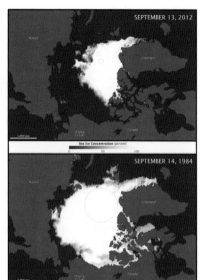

绿叶是技术专家正在寻找的二氧化碳固定法的一个参照对象

分别拍摄于1984年9月和2012年9月的北冰洋卫星照片，展示了由全球二氧化碳排放持续升高所造成的夏季海冰量缩减

395/1000000），所以很难被高效率地提取出来。在我们写这本书的过程中，从大气中提取1吨二氧化碳要花费400英镑。当然，发电站和其他工厂排出的废气中也含有二氧化碳，而且是高浓度的二氧化碳。水是随处都有的，而且从水中分解出氢来并不难，但需要能量，所以我们又陷入了困境。

正如每个人都知道的，人类文明的生命支持系统正受到由二氧化碳的过度排放所造成的气候变化，以及由化石燃料的枯竭所造成的能源危机的威胁。我们需要打破我们对化石燃料的过度依赖，以减少大气中的二氧化碳，同时设法从阳光、风和水中获取绝大多数能量。使用阳光来分解二氧化碳和水，可以一蹴而就地解决能源危机和全球气候危机。

这场变革的序幕已经在地球上可再生能源最受偏爱的地方拉开了，尽管这个地方乍看之下或许同其他地方并没有什么两样，而这个地方就是冰岛。最可能实现将二氧化碳重新转换成燃料的地方，要拥有充裕且廉价的可再生能源，而冰岛就具备这种优势。这个国家拥有得天独厚的来自火山温泉的热能，地热发电占到了全国总能源用量的26%。这种充裕而廉价的电力可被用于从天然蒸汽中生成氢气。天然蒸汽中的二氧化碳浓度比大气中的更高，因此更易于处理。这种廉价的电力还可被用于同样会产生二氧化碳的铝熔炼。值得一提的是，冰岛正打算成为全球第一个碳中和率达100%的经济体。

诺贝尔奖得主，化学家乔治·欧拉曾提出，从二氧化碳和氢中生成出来的甲醇可能是

位于冰岛雷克雅未克的蓝潟湖。这张拍摄于蓝潟湖的照片展示了间歇泉、泳客和地热发电站。冰岛大量的地热为这个国家提供了一个通过发展碳循环技术来创造碳中和燃料的机会

如何同时解决能源危机和全球变暖问题的一个答案。甲醇本身就可以作为交通工具的燃料，而且可直接被用于化学品制造。将二氧化碳还原成氢的工艺已经有80年的历史了，而且在不断被改良。这项工艺需要氢和廉价的无碳电力，以及通常是基于铜、锌、铝氧化物的催化剂。

冰岛碳循环公司的乔治·欧拉可再生甲醛工厂在2012年春开始了甲醛的生产，其隶属于位于雷克雅尼斯（距雷克雅未克45千米）的史瓦特森吉地热发电站（以提供加热蓝潟湖湖水的蒸汽而为人所知）。2013年2月，这家工厂将首批Vulcanol[①]牌的甲烷交付给了荷兰的Argos石油公司，并被这家公司用作了一种被混入了极小比例汽油（2.5%）的燃料，虽然汽车现在可以完全用甲烷驱动。碳循环公司计划在未来的5年内将甲烷的产量从500万升提高到1500万升。

乔治·欧拉可再生甲醛工厂使用的这项工艺无疑将在其他地方得到应用，而事实上，空气燃料合成公司也有一项与此极为相似的工艺。这类工艺并不是只在具有地热能优势的冰岛才能实现，任何可再生的电力源都可被用于实现这类工艺，只是水电和地热电是首选而已，但对世界上大多数地区来说，这类工艺将需要量子跃迁才能实现，而量子跃迁使用的是太阳能，而不是电能。目前有大量的研究正致力于实现这一目标。

科学家一直对每天都会从太阳射来地球的能量羡慕不已，太阳1小时的光照差不多能提供人类一整年所需的能源，而科学家对这种非传统能源的关注点，主要包括用阳光在技术系统中发电，或者通过硅太阳能电池和太阳能加热涡轮机来创造电能，而这些都是正为

---

① 意为火山烷。——译者注

位于雷克雅未克的乔治·欧拉可再生甲醇工厂，是最早使用乔治·欧拉甲醇制备工艺用空气制造燃料的工厂。在这家工厂中，廉价的地热能会被用于分解水，以制造氢，而氢之后会被用于把由地热泉所产生的高浓度二氧化碳还原成最终会被混入汽油的甲烷

我们的能源需求不断做出贡献的实用技术，但它们的产物终究只是电。20世纪最伟大的科学成就之一，是基本弄清了大自然是如何通过生化过程和电化学过程来利用阳光的，也就是光合作用的过程。如果我们可以开发出植物光合作用的工艺，那产物就将是可供非电动交通工具（例如喷气式飞机）使用的生物燃料，化学工业原料，食品（光合作用的主要产物是葡萄糖），氢动力交通工具所需的氢，以及氧这种被用于氧乙炔切割和医疗的重要工业物质。

除了阳光之外，这项工艺所需的主要原材料还有二氧化碳和水。如果人工光合作用成了一项可以被大规模使用的技术，那我们便可以将大气中的二氧化碳大量地提取到地面上来，以减缓全球变暖。到那时，我们将不再需要为了生物燃料而种植玉米，继而减少对食品生产的压力。

如此来看，这项技术完全是双赢的，但可行吗？对应的工艺已经有很多种了，但都停留在实验室阶段，既昂贵又麻烦，完全不具备同石化燃料或其他能源相抗衡的经济可行性。这是那个引人注目的标题背后的坏消息，但好消息是要让这样一项超群的技术得到普及，同时让合成燃料、化学原料、甚至连食物都可以从空气中以同大自然的效率相匹敌的工艺被制造出来，只不过是时间问题。

这种光合作用奇迹分为两部分：把水分解为氧和氢，然后把二氧化碳还原成有机碳化合物，直至还原成植物的构筑基元——糖。

虽然碳是我们通常用于制造燃料的元素，但理解碳的关键在于理解氢和氧。这两种元素表现出了一种阴阳对立：氧是一种燃烧元素，它想要燃烧物质，想要氧化它们，而氢则是反转这一过程的元素，它会把锈重新变成铁，把二氧化碳重新变成构成有机世界的富碳化合物。此外，氢完全不需要碳，它可以在氧中燃烧，而且只会留下水，所以氢本身就是

伦敦的一辆氢动力公交车。虽然氢是最清洁的燃料，但——请注意车顶氢储罐——储存、消耗和供给是氢经济的主要问题

一种完美的燃料。

那在我们燃烧了化石燃料之后，大自然是如何把二氧化碳重新变成高能有机物的呢？

光合作用的化学公式看上去非常简单，在任何一本化学初级教材上都可以找到：

$6CO_2$（二氧化碳）$+ 12 H_2O$（水）$+$ 光 $\rightarrow C_6H_{12}O_6$（葡萄糖）$+ 6O_2$（氧）$+ 6H_2O$（水）

然而并不是说你只要把这些元素扔进一根试管里，就可以实现这个公式。光需要大量的诱导才能完成这项任务。这种在25亿年前进化出来的自然过程是极其复杂的，以至于科学家为了破解这一过程，已花费了几十年的时间。事实上，虽然我们对光合作用有着深刻的理解，但这种理解并不完全。为了实现这一过程，大自然会将这一过程分为若干阶段。从所需能量的角度来看，第一个，同时也是最重要的阶段，包括把水分解为氢和氧。这可以通过让电流穿过水这种在学校里很常见的化学实验来实现，很容易办到，但由于我们的最终目的是生成能量或高能物质，而电能只是一种实现手段而已，所以这种方案并不具备可行性，不过——正如在冰岛——使用诸如水电和地热电之类的廉价电力来分解水，确实可被作为一种切实可行的获取氢的途径，但大自然是在没有任何外部电流的情况下实现水分解的，其所需的电是借助催化剂从阳光中生成出来的，而这正是研究者想模仿的。

光合作用的关键正是催化剂。这些化合物具有会加速特定化学反应的表面。在生命系统中，它们通常是酶，或者说具有特殊反应中心的蛋白质。这些酶有很多都是金属配合物和有机化合物，而科学家已经发现了很多能在活细胞中起到类似作用的合成催化剂。

自从二氧化钛在1972年被发现可以催化水分解以后，大量的催化剂都得到了试验，但

普林斯顿大学的安德鲁·博卡斯利是太阳能燃料的领军人物。博卡斯利的 Liquid Light 公司正在商业化一项用阳光来合成一系列高能化合物的工艺（照片由普林斯顿大学通讯办公室的布莱恩·威尔逊提供）

至今没有一种能在效率上赶得上大自然，所以我们需要提高大自然的转换率。

要通过分解水来制造氢，我们没有必要死板地遵循树叶采用的那种极为复杂的过程。每个人都同意，一套水分解系统应当能使用廉价的材料，应当坚固耐用，应当能捕获太阳能，然后以高产率将水转换成氢，但绝大多数实验室系统到现在为止，要么是无法满足这其中的一种要求，要么是全都不能满足。

所有技术方案的理论基础都是相似的。为了分解水，大自然会把蛋白酶和金属配合物分别作为光线收集器和催化剂，而在技术上与此对应的是纳米颗粒和金属配合物。

在过去的几年中，全世界有好几个研究小组都报告了在模仿光合作用上取得的显著进展。丹尼尔·诺切拉在麻省理工学院的研究小组发明了一套在原理上非常近似于大自然的水分解系统。

这项获得了极大影响的工艺有一个迷人的名字——"合成树叶"，但这并不只是一个抢眼的标签。植物中的水分解酶有一个有趣的活性部位，其带有一个盒状分子，而这个盒状分子又带有锰原子和氧原子。锰是一种非常稀有的金属，而且用于工业生产的锰非常昂贵。诺切拉设法用存量更为充裕的钴创造出了一种类似的分子，但首先光得被捕获进这套系统中，以制造出催化反应所需的电流，而这一过程使用的是太阳能电池中常见的硅。

所有催化过程都存在的一个问题是，催化剂并不是魔法。在反应过程中，催化剂的性能会逐渐下降，所以需要被替换。大自然在光合作用中使用的催化剂会自行修复，而且在一些植物中，催化剂每隔30分钟就需要被复原一次。作为一套坚固而耐用的系统，大自然是善于自行修复的，而诺切拉的催化剂同样可以自行修复。

合成树叶是一种跟一张扑克牌相似，而且没有导线的薄金属片。只要将其放入一罐水中，同时使之受到阳光的照射，它们便会开始从一面制造出氧，同时从另一面制造出氢。合成树叶会在一种装置上被组装起来，而这种装置会分离氧和氢。

然而，尽管合成树叶在早期显示出了良好的前景，而且印度的塔塔集团还为诺切拉的初创公司——Sun Catalytix——注资了1500万美元，帮助他们来发展这项技术，但由于合成树叶始终无法获得经济竞争力，研发工作最终被搁置了起来。

用阳光和一种催化剂来分解水，还有很多其他的办法，而最富有成效的一种，是由中国研究者孙立成在瑞典皇家理工学院开发出来的。孙立成的工艺使用了一种钌催化剂，而且在氢产率上不亚于自然光合作用，但存在一个缺点，就是钌是一种几乎被中国垄断了的昂贵的稀土金属。

以上这些系统都使用了金属催化剂，但它们都没有对用纳米颗粒的表面区域来提高催化工艺的潜力予以开发，但在2012年，托德·克劳斯在罗契斯特大学的研究小组报告了一项利用了纳米颗粒的技术。硒化镉纳米晶体具有集光能力，并且可以通过覆以二氢硫辛酸被制成一种水溶性物质，而二氢硫辛酸的另一个作用是络合能催化水分解的镍离子，所以硒化镉纳米晶体不但可以利用光能，而且能把由此产生的电子传送给镍催化剂。为了完善这套系统，他们还向其中添加了抗坏血酸，也就是众所周知的维生素C，以补充在反应中失去的电子。借助这套系统，研究者似乎突然找到了一种使用现成的物质来实现高产率的神奇的组合，可问题是：这一过程可以按比例被放大吗？

虽然植物是通过先分解水，再把二氧化碳还原成有机分子的方法来制造能量和生物质的，但在对大自然的技术模仿中，反应过程不一定是偶联的。水分解可单独作为一种实现新型能源供应的途径，以驱动交通工具或发电，但太阳能同样可以只被用于把二氧化碳还原成诸如甲烷和甲醇之类的有机物，或只在欧拉甲醛制备工艺中作为一种廉价的电力。

绝大多数合成光合作用催化剂都含有金属，但普林斯顿大学的安德鲁·博卡斯利将研究重心放在了用吡啶催化剂这种纯粹的有机化合物来转换二氧化碳上。为了商业化这一工艺，博卡斯利成立了一家名为Liquid Light[①]的初创公司。他采用的这种方法可以形成多达20种不同的碳化合物，而这些碳化合物是化学合成潜在的构筑基元。这是十分有趣的。事实上，这项研究用光取代电弧的做法，会叫人想起斯坦利·米勒著名的生命起源实验（见第1章）。

另一种极具潜力的方法，使用了覆有一种铜铂合金的二氧化钛。这种方法起初使用的是可以分解水，同时还能有效地还原二氧化碳的二氧化钛，但自然状态下的二氧化钛只有在紫外光下才会起作用，而铜铂合金涂层的用途，正是将这种反应条件从紫外光变为可见光。卡西克·尚卡尔在阿尔伯塔大学的研究小组对这种催化剂进行了微调，以使之能制造出大量的甲烷和碳化合物。有趣的是，这种催化剂能对稀释过的二氧化碳起作用，换言之，这种催化剂可以对空气中低浓度的二氧化碳起作用，虽然同更高浓度的二氧化碳相作用，会制造出一系列有趣的碳氢化合物，而同被稀释过的二氧化碳相作用的产物，主要是甲烷。找到一项切实可行的能大规模分解水和还原二氧化碳的工艺，将需要在不同的可取特性之

---

① 即液态光。

100纳米

　　具有铜或铂涂层的二氧化钛纳米管，构成了用太阳能把二氧化碳转换为碳氢燃料这项极具发展潜力的技术。卡西克·尚卡尔在阿尔伯塔大学的研究小组正在开发这项技术

这是巴西的一家用甘蔗制造乙醇的工厂。从照片来看，这并不像是一项清洁的技术。巴西的生物燃料生产处于世界领先地位。虽然这种燃料确实源于一种可再生原料——甘蔗，但制造这种燃料需要大量的能量，所以会加大碳排放量

间做出诸多权衡。

然而既然大自然可以大量地转换二氧化碳，而模仿大自然又是如此困难，那我们为何不直接用天然过程来创造我们所需的燃料和原料呢？当然，我们可以这么做。巴西的汽油含有18% ~ 25%用甘蔗制造出来的乙醇，而在美国，源于玉米的生物燃料已实现了量产，但问题在于全世界的食物产能正因向能源生产转移而吃紧。美国的生物燃料生产在2007年至2008年造成了食品价格的陡升，而这在世界上一些较为贫穷的地区引发了暴乱。我们需要不会减损农业的生物质生产，而一种可能的途径就是养殖水藻，但这里说的水藻不是大型水藻，而是生长在潮湿的石头上或静水中的微藻。

微藻的含油量很高，而且通过基因技术改良，其含油量还可以进一步提升，但有关通过培育水藻来制造燃料最有趣的想法之一，是油被提取出来之后，水藻剩余的部分可以被用来做什么。这种固体废物可以被转换成生物炭，以作为一种土壤改良剂，还可以被直接掩埋起来，但无论采用哪种方式，原本是二氧化碳的碳都可以从碳循环中被移除很长的一段时间，而结果就是负碳。这听起来很棒，但这照样存在阻碍。要快速地培育水藻，以实现盈利，就得使用肥料，而制造肥料要花费大量的能量。此外，如果水藻成了一种主要的能量供给物，那肥料生产就将面临巨大的压力。根据最近的预测，哪怕只是用藻类燃料来满足美国燃料需求的5%，或许就会让美国的氮肥用量翻番。从水藻中提取油还是一个耗能的过程。在无法开展农业生产的贫瘠地区设立水藻池农场的想法非常有吸引力，但"贫瘠"一词可能是一条指向了藻类燃料最大局限性的线索：水藻生物反应堆（由透明管所组成的蓄水池）农场可以被设立在偏远地区，但它们需要大量的水，而水是一种同能源一样成问题的资源。以上这些问题意味着，最理想的能源也许最终会是一套全合成系统。

然而在全合成催化技术和藻类燃料制造之间，存在一项有趣的工艺。这项工艺采用了

一个用于培育微藻的水道养殖池。一个大功率的桨轮会让水在水道中保持环流

供美国海军使用的喷气燃料源于一种单细胞水藻。这种水藻富含油，而且生长得非常快，可它们需要大量的水和肥料。这不但会增加成本，而且会加大碳排放量

自然系统，但运用的是一种模块选择和混合的方式，同时使用了来自三种不同有机体的组合。生物学家现在已清楚地知道生命系统是模块化的了，就像是很多被"拴"在一起的子系统，而对纳米技术专家来说，惊人的地方在于这些模块可以从生物中提取出来，然后照常发挥功能。光合作用的器官是叶绿体，而叶绿体在21.5亿年前只是一个处于游离状态的活细胞。叶绿体现在同其他器官（或者说细胞器或亚器官）共同存在于植物的每个叶片细胞当中。

最近有证据表明，大自然仍然在寻找新的方式来把这样的模块"拴"在一起。叶绿体是典型的植物细胞器，但它们似乎能被转移给动物。绿叶海天牛这种在颜色上接近于绿色，并以水藻为食的海蛞蝓（Elysia chlorotica），通过进化将一些藻类基因纳入了体内，而这使它们可以在没有食物的情况下存活下去。还有一些蚜虫甚至能用类胡萝卜色素来集光，以制造大自然的通用燃料——三磷酸腺苷（ATP[①]）。

事实上，三磷酸腺苷是存在所有生物细胞中的一种小模块，一种位于线粒体细胞壁中的微型"发电机"的构成之一，而线粒体是地球上每个活细胞中微小的子单元，相当于一座迷你发电站。其优美的转动结构就像是一台人类设计的发电机。三磷酸腺苷可以从细胞中被提取到试管中，然后继续发挥作用。我们甚至还可以把金属转子装在由三磷酸腺苷所构成的"发电机"上，以呈现出它们每秒0.7 ~ 8圈的转动。作为这项技术的发明人，卡洛·蒙特马尼奥以不同方向对其予以了发展。

① 即 adenosine triphosphate。——译者注

植物细胞中的叶绿体是植物细胞的光合作用工厂，太阳能会在其中被转换成高能生物质。技术专家希望用一项工艺来模仿这一过程

蒙特马尼奥和任职于辛辛那提大学的大卫·温德尔，共同展示了如何用三种截然不同的生物模块制造出一套能实现光合作用的技术系统。这些模块包括来自细菌的三磷酸腺苷"能量引擎"，来自嗜盐紫色细菌——嗜盐菌——的细菌视紫红质，以及一种更为惊人的组分。不同于博卡斯利使用的叶片模型，蒙特马尼奥和温德尔想得到的，是一种最终会形成能通体受到阳光照射的光合作用大桶的结构泡沫。为了使光合作用模块全部能捕获到阳光，这种泡沫会把它们分散固定起来。

蒙特马尼奥和温德尔的妙举是利用了被中美洲泥蛙（学名为Engystomops pustulosus）作为蛙卵保护巢的泡沫。这种泡沫不会破坏细胞膜，而且会将囊泡和酶系统分散到气泡之间的泡槽里，以使之最大化地暴露在光线下。

这些分散的系统会同光和磷酸盐一起制造出生物质。如果要按比例放大这一过程，那这种泡沫就得换用藻类成分和用基因技术处理过的青蛙蛋白来制造。这种泡沫的首个概念验证版本就实现了10倍于传统生物质转燃料技术的惊人产率。正如蒙特马尼奥和温德尔所说的："考虑到这种泡沫具有空间填充和无需土壤的特性，我们猜想可通过改造来使这种产

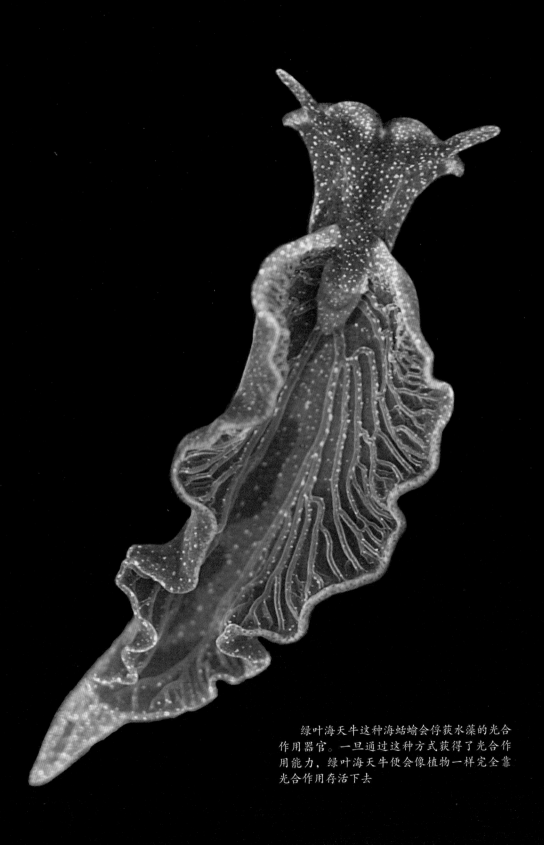

绿叶海天牛这种海蛞蝓会俘获水藻的光合
作用器官。一旦通过这种方式获得了光合作
用能力，绿叶海天牛便会像植物一样完全靠
光合作用存活下去

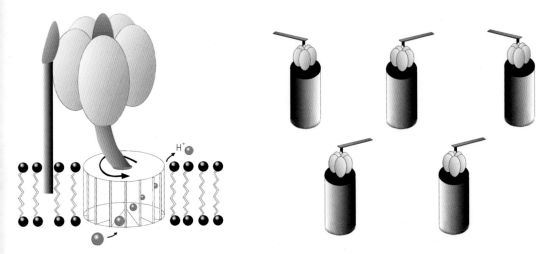

地球上所有的能量来源其实都是三磷酸腺苷合酶这种存在于所有细胞壁中的纳米机器。三磷酸腺苷合酶是一种由质子梯度所驱动的天然发电机兼电动机，能产生大自然的通用能源——三磷酸腺苷分子。这种"电动机"的转动可以通过将金属转子装在这种纳米机器上被观测到

品适应城市的屋顶环境，非耕地区域，以及其他的会受到阳光照射的非传统空间。"

如果这些新颖的能量生成工艺能被实现，那也不是故事的结局，因为它们将需要被整合到现实世界的运输业和运输系统当中，但氢会造成一个特殊问题——一方面，它是一种梦想燃料，而另一方面，它却是一个噩梦。"梦想"一词源于它在燃烧后只会留下水的清洁性，但氢又是非常易燃和难以储存的。当与任何浓度的空气相混合时，它便会爆炸。氢曾被用于为航天火箭提供动力（氢曾把我们带到了月球），但必须是处于零下253℃的液氢，而这是不可能被机动车所使用的。氢可以被压缩成一种气体，而这正是氢目前在试验性道路车辆——例如最近几年出现在很多城市里的氢公交车（在车顶装有大型氢储罐）——中的使用方式。

很多物质都可以吸收氢，然后在需要的时候再释放氢，而相关研究正在寻找最为实用的方法。这里要再次提到石墨烯。石墨烯本身就是碳，但石墨烯在被氢化后会形成石墨烷。石墨烷的每个碳原子都对应着一个氢原子，但由于这些原子是化学键合在一起的，所以不便于利用，不过石墨烷可以储存额外的氢分子，而且这个过程是可逆的，允许氢被释放出来，用于燃烧。美国能源部为氢储存制定的重量比标准是5.5%，而掺杂了钙的石墨烷已被证明能以6%的重量比来储存氢。

除了清洁能量和一种新型化学原料来源外，全世界另一个迫切的需求是清洁的水，而能量和水是紧密相关的。所有能量制造系统都需要水，同时随着越来越多的清洁的水都将来源于海洋，从海水中提取纯水将需要更多能量。

　　蒙太奇影像下的卡洛·蒙特马尼奥和
大卫·温德尔的混合式合成光合作用系统。
这套系统会利用三种生命系统组分来创造
高能生物质。这三种组分分别是发生在来
自中美洲泥蛙的泡沫的结点里的反应，来
自嗜盐紫色细菌——嗜盐菌——的细菌视
紫红质，以及让这套系统具有完整性的三
磷酸腺苷合酶（插图由温德尔实验室提供）

黄石国家公园大棱镜温泉中的紫色细菌是细菌视紫红质的一处发源地

目前有两种淡化海水的办法。第一种是蒸馏：任何溶液在沸腾的过程中产生的蒸汽，在冷凝后就是纯水。要减少这个过程所需的能量，可以让海水淡化机在减压环境中工作，因为这会降低海水的沸点。到目前为止，这是淡化海水的主要办法，但另一项技术——反渗透——使用的正是纳米技术。正常的渗透是一种自然过程。在这个过程中，水会通过一种只允许水穿透的膜（被称为半渗透膜），从一种低浓度溶液中流向一种高浓度溶液中。这一过程是自然发生的，就像水发现了自身的浓度一样，而反渗透则是通过强制让纯水通过一种膜离开含盐溶液的办法，把这一过程颠倒了过来。

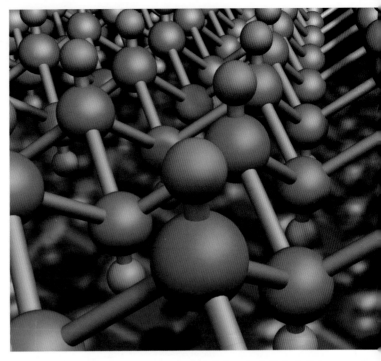

氢在清洁碳技术中扮演了一个重要角色，但氢技术需要大量的改进才能具有经济上的可行性，而掺杂了钙的石墨烷——石墨烯的一种氢化形式——是最具潜力的氢储存介质

纳米多孔膜具有能更快速淡化海水的潜力，而石墨烯正是高性能纳米多孔膜的热门候选材料。正如我们在第3章中所看到的，原始的石墨烯是完全不可被渗透的。麻省理工学院的一个研究小组在一层石墨烯上打了纳米孔。这种方法不仅能排除所有的盐分子，而且在水传输性能上比传统的过滤器高了好几个数量级。石墨烯的优点意味着这种物质可以组成能够形成工业规模的海水淡化过滤器。

海水淡化工厂、氢农场、太阳能燃料发生器……我们可以窥见永续能源工艺的未来。它们中有很多都可能会被设立在靠近海边的炎热地区。太阳能会被用来分解海水，以及从空气中提取制造燃料和化学物质所需的二氧化碳。阳光和海水的价值在未来将远不只是海滩度假，而且在这些海岸能量工厂中，最尖端的技术都将是纳米结构和纳米过程的。

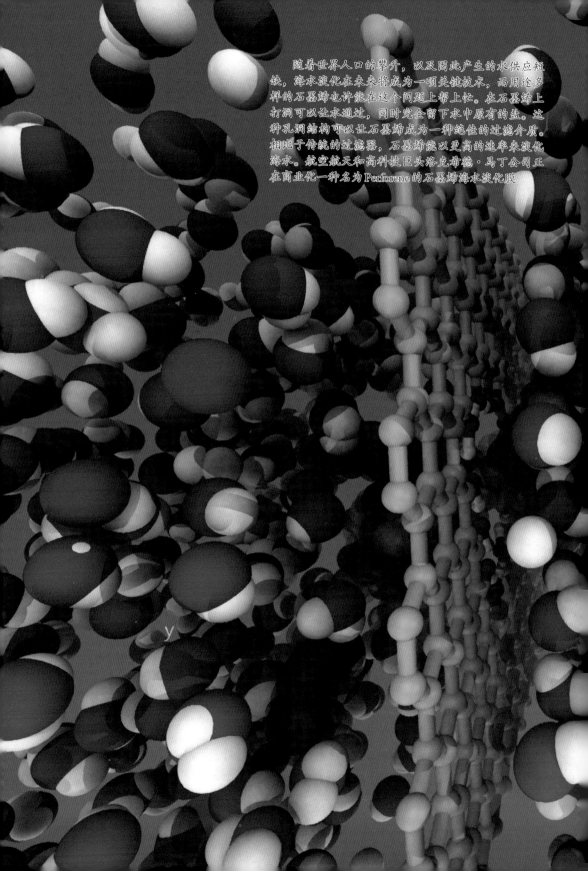

随着世界人口的攀升，以及因此产生的水供应短缺，海水淡化在未来将成为一项关键技术，而用途多样的石墨烯也许能在这个问题上帮上忙。在石墨烯上打洞可以让水通过，同时完全留下水中原有的盐。这种孔洞结构可以让石墨烯成为一种绝佳的过滤介质。相比于传统的过滤器，石墨烯能以更高的速率来淡化海水。航空航天和高科技巨头洛克希德·马丁公司正在商业化一种名为 Perforene 的石墨烯海水淡化膜

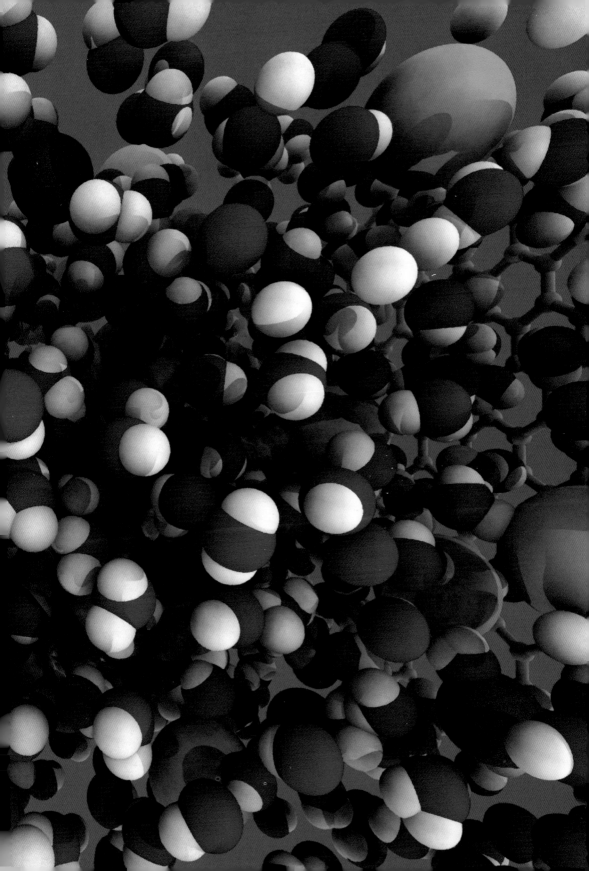

一座位于巴塞罗那的大型反渗透海水淡化工厂。渗透通常涉及水从低浓度溶液向高浓度溶液的移动。在反渗透中，压力会被用来逆转这一过程，如此一来，水便会穿过一种半渗透膜，同时留下盐

第7章 纳米医疗

> 与我有共鸣的人都是19世纪末20世纪初的生物学家。
> 他们解释了与机械力有关的一切,因为他们没有分子。
>
> ——细胞张拉整体先锋唐纳德·因格贝尔

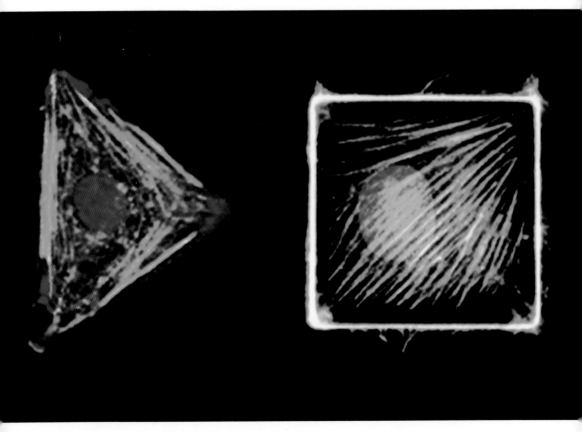

受几何形状约束的细胞结构。哈佛大学的乔治·怀特塞德率先使用的微压印形状,已被证明对细胞的形状和行为有一种不易察觉的控制影响

20世纪初，达西·汤普森在他的经典著作《生长和形态》[①]中，从作用于生命结构的力的角度分析了生命结构。他认为这些机械力形成了生命形式的形状和尺寸，而且在明显不相关的植物群、动物群和自然现象的设计制造中，数学模式都是共通的。他还认为有机形态是"力线图"，而且"万物的和谐无间是从形态和数字上显现出来的"。

在20世纪的绝大多数时间里，这种物理研究方法一直是受到忽视的，因为达尔文的进化论、孟德尔的遗传学，以及华生和克里克的DNA结构共同造就了一种完全基于生物和基因的生物研究方法。

直到21世纪，达西·汤普森的观点才产生了更大的影响，但受其影响的多半是艺术家和建筑师，而不是生物学家。他的自然之美源于数学曲线，而数学曲线的形态又是由作用于它们的力所产生的这种看法，在建筑艺术中具有明显的效用，而且他的研究激励了伦敦眼的设计者大卫·马克斯和朱莉娅·巴菲尔德。这两位建筑师对达西·汤普森是如此的喜爱，以至于他们最早的获奖作品之一——恐龙桥——正是基于汤普森对剑龙脊骨及其依靠尾巴的平衡来撑起整个脖颈的能力的研究所设计的。从结构上看，这座恐龙桥只有一头会被固定在地面上，而其余部分则会被拉索和桥体的受压构件支撑起来。遗憾的是，这座桥只停留在了图纸设计阶段。

达西·汤普森的观点通过艺术重新回到了生物学中，更明确地说，是通过美国艺术家肯尼斯·斯内尔森的雕塑作品重新回到了生物学中。在第二次世界大战结束后不久，斯内尔森设计出了一种新的雕塑形式，以及一项制作张拉结构的新技术。在这项新技术中，拉杆会在不接触的情况下被固定在一面张拉网上。这项发明是斯内尔森独创的，但其张拉整体的名称是在斯内尔森同巴克敏斯特·富勒在黑山学院1948年的暑期班上相遇后，由富勒所取的。在之后的几十年中，富勒似乎完全袭用了这一概念，但斯内尔森最终还是在这项发明上确立了自己的优先权，同时创作出了很多件张拉整体雕塑。

简单的张拉整体结构可以用吸管、橡皮筋和曲别针制作出来。在真正的"张拉一体化"的物体中，每一个部件都是由整体结构支撑起来的。如果有一个组成部分瓦解了，那便会导致整体结构的瓦解，所以这肯定不是一种实用的结构，对吗？像大卫·盖革在1988年为韩国奥林匹克竞技场设计的穹顶这样已被建造出来的张拉整体屋顶，全都使用了一种同样适用于传统的半球形穹顶的钢制压缩环来维系整体结构，这可以被视为一种轻微的"作弊"行为，所以我们可以做一个狭义的界定：有很多种张拉结构，而且这些结构正得到日益广泛的应用。在20世纪以前，几乎所有的建筑（除了一些桥梁，例如福斯桥）都是完全用压缩材料建造出来的，或者说，是用石头或砖块堆积起来的，但今天有无数的结构都需要用以维持形态的张拉线。千年穹顶、伦敦眼、弗雷·奥托为慕尼黑奥林匹克体育场设计的"蜘

---

① *On Growth and Form.*

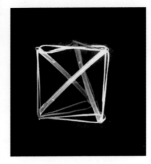

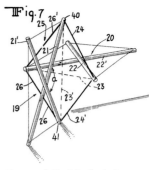

结构在张力和拉力的共同作用下被维系起来的张拉整体原理，最初是由雕塑家肯尼斯·斯内尔森所阐明的。这项原理之后被用于了人体，最终被用于了细胞。左上图：肯尼斯·斯内尔森在赫施霍恩雕塑公园里设计的针塔。右上图：简单的张拉整体结构可以用吸管、曲别针和橡皮筋制作出来。左下图：人体的张拉整体结构（Copyright © T. Flemons 2006 www.intensiondesigns.com）

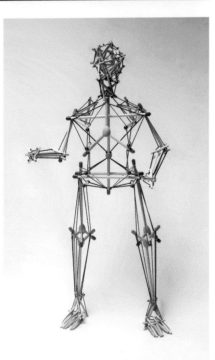

蛛网"，以及菲力克斯·萨穆埃利为1951年的英国艺术节设计的"云霄塔"都属于这类结构。

张拉整体结构是有些图形可以在所有的长度尺度上起作用的这项原理的范例之一。诚然，很多纳米特性都是纳米尺度所特有的，但正如我们所看到的，一些使用六边形结构的解决办法在任何尺度上都是非常有效的。20世纪80年代，在汤普森研究和斯内尔森张拉整体雕塑的启发下，哈佛大学的生物学家和怀斯研究所最早的负责人唐纳德·因格贝尔展开了对细胞张拉特性的研究。

这一切始于念本科的因格贝尔在20世纪70年代中期选修了一门艺术课程。有一天，课上正在介绍一个张拉整体模型。当因格贝尔看到这个模型在被压扁之后立刻弹回了原来的形状时，他回想起了自己在几天前曾看到细胞出现过类似的情况。附着在一个培养皿上的细胞会平贴在培养皿的表面，但当你将一个细胞分

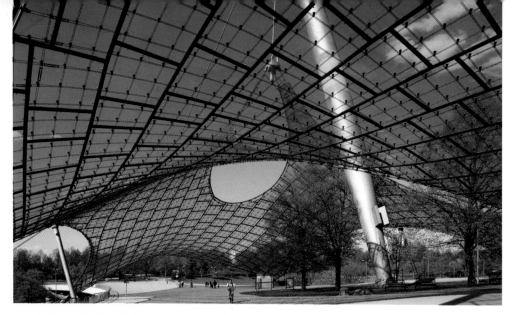

弗雷·奥托设计的慕尼黑奥林匹克体育场。奥托的轻质张拉结构受到了像由复杂的肥皂泡和蜘蛛网制造出来的图形这样的自然形态的影响

离下来时，这个细胞便会回弹并集拢到一起。因格贝尔回忆说："后来，当我回到医学院实验室，然后在显微镜下看到癌细胞以改变形状的方式作为对一种测试药物的反应时，我脱口而出的一句话大概是：'哦，张拉整体肯定改变了。'当时跟我一起共事的一个博士后说：'你说什么？'我跟他解释了我的艺术课程，巴克敏斯特·富勒和雕塑家斯内尔森，还有棍子和弹力绳，然后他跟我说：'行了，别再说这些东西了。'"

虽然当时对细胞机械结构的探索正处于起步阶段，而且因格贝尔将这一结构同张拉整体概念联系在一起的这种超前认识，曾长时间受到绝大多数生物学家的抵制，但因格贝尔推论出了如果细胞不具有张拉整体特性，那它们便会以特定的方式同它们相接触的物体表面相互作用，而且这些现象是可以被检测出来的。事实上，所有自然状态下的细胞都是由一种支撑化学纳米结构的细胞外基质包围起来的。斯内尔森就张拉整体的问题开始发表论文的时间距今已有30多年了，而细胞同这种基质的相互作用已成为一个正在快速发展的研究领域。

可以理解的是，分子生物学紧跟着华生和克里克的DNA结构取得的巨大成就，在之后的几十年中形成了一种主导性观点——基因是生物结构的主要决定因素，但现在一个非常明显的事实是，受基因控制的结构会在活细胞中同物理结构和机械力相互作用，尤其是在诸如骨骼、软骨、结缔组织和肌肉细胞之类的躯体结构组分中，而从根本上说，它们全都源于相同的干细胞。

躯体结构和细胞之间的联系，以及它们生长的关键，在于像血管、肌肉、神经和骨骼这样的组织的生长，完全不是由基因所指定的。基因并没有告诉每一个细胞究竟该去哪，因为这是不可能的，这需要的基因数量是人体基因总数（约25000个）的好几倍。像骨骼和肌肉这样的结构细胞都有一个物理角色要扮演，所以它们会对物理信号作出反应也就不足为奇了。

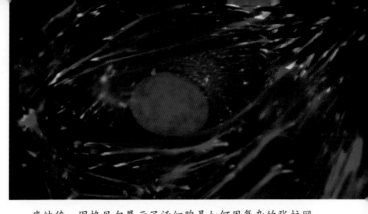

唐纳德·因格贝尔展示了活细胞是如何用复杂的张拉网络来控制它们的形状，同时影响生化反应和细胞行为的。这些网络可以通过着色被显现出来：图中的蓝色和红色部分分别是原子核和肌动蛋白丝网络

那细胞的张拉整体是如何工作的呢？细胞的分子骨架，或者说细胞骨架，是由会对中空微管造成压迫的收缩性微丝所构成的。这种张拉结构会拉紧将分子固定在周围细胞外基质框架上的分子挂钩。在实验室中，当细胞被放置在预先准备好的结构图形上时，这些结构图形可以对细胞里的张拉整体结构产生影响，而这就是部分引人注目的干细胞行为的触发因素。干细胞首先会"读取"经过技术处理的表面上的图形，然后会以一种生物方式作出反应，直至形成骨骼、神经、肌肉或脂肪。这是一种迷人的有机或无机的"机械生物"相互作用。

就自然结构而言，张拉整体是一种显而易见的解决办法，因为自然结构必须靠自己的力量将自身支撑起来。对一个有机体来说，是不存在外源支撑的，因为它是从一个单细胞中自行形成的，所以反对张拉整体的工程学理由——如果单个组成部分受到了破坏，那张拉整体便会瓦解——在生物中是不成立的，因为生物具有高度发达的自行修复方法。

一张蜘蛛网就是一种极为精密的张拉结构：完全没有受压构件，而且整体结构是被处于张拉力下的细丝支撑起来的。悬挂整体结构的牵引丝是用更坚固，也更粗的蜘蛛丝制成的。如果你扯断牵引丝，那整体结构便会瓦解，但这是蜘蛛生活方式的组成部分之一。蜘蛛为捕食而结网的过程是如此高效，以至于蜘蛛在遭受了这样一场灾难后有足够的能量来修补蛛网。蛛网破损是很常见的，风、大型昆虫和人的介入都可以对蛛网造成破坏，但对蜘蛛来说，修复任何程度的破损顶多也就是一天的工作量而已。

细胞本身是一种更为显著的可自行修复的张拉整体结构。细胞始终都处于一种自行修复的状态中。如果脱离了这种状态，那细胞便会死去。作为对环境的反应，细胞的结构会不断地形成，又不断地瓦解。微管这种受压构件表现得最为显著，它们会持续不断地形成结构，然后再瓦解结构。细胞中的肌动蛋白网络展示了纳米结构和宏观结构之间的另一座桥梁：这是一种由三角形所组成的结构，看起来就像是巴克敏斯特·富勒设计的穹顶。

就机械力对细胞的作用来说，一个简单的例子是小伤口的修复。绝大多数人都知道一个小伤口会自行愈合，但如果伤口较深，出现了皮开肉绽的状况，那便需要把伤口缝合起来，以使之进入修复过程。正常的愈合过程无法弥合较大的裂口，所以机械支撑是必要的。这一原理是普遍适用的，所以对大面积组织修复的尝试，几乎离不开支架。组织的图案是在微观和纳米级上形成的，所以能对这一过程起到辅助作用的纳米复合材料正在开发中。

在近些年对干细胞的研究中，纳米支架得到了引人注目的发展。任何伤口的愈合都需要干细胞，但这些细胞的特性在近30年中才为人所知。各种各样的干细胞都具有被培育成任何一种体细胞的潜力，而对这种发展加以控制，将通往培育替换器官的能力。

在这一探索方向上，最引人注目的结果之一，是发现了具有纳米图形的表面对细胞的命运有着显著的影响。在很多相关研究中，这些表面都是通过乔治·怀特塞德著名的微接触打印和单分子层技术被制作出来的。1994年，怀特塞德和唐纳德·因格贝尔用这种方法展示了纳米结构能够在平面上被极为精准地制作出来。1997年，他俩再度合作完成了一项研究，而这项研究展示了皮肤细胞会在覆有细胞外基质的大岛上生长，但在小岛上却会死亡，而这种效应完全是由尺寸所导致的。从那以后，其他的物理因素——硬度，以及背景的图形和形状——都被证明了会影响细胞的命运。一个细胞是否将成为骨骼、神经、肌肉或脂肪可以完全由一种物理纳米图形所决定的这项意义深远的发现，证明达西·汤普森和唐纳德·因格贝尔的直觉是正确的。生命既是一个物理和机械过程，又是一个生物过程。

这些早期实验显示了物理因素会同生化信号因素一起参与干细胞的分化，但之后的研究显示，一个表面的纳米形貌可以自行引起不同形式的分化。

2004年，约翰·霍普金斯大学的一个研究小组展示了细胞形状和细胞内部的物理因素——张拉力——可以决定一些干细胞是分化成骨细胞，还是脂肪细胞。支配细胞张拉力的，是肌动蛋白和肌球蛋白。打乱肌动蛋白这种细胞里的张拉力分子，会翻转干细胞的命运，以致原本会成为骨细胞的干细胞将向着脂肪细胞发展。这一发现似乎将宏观领域和纳米领域联系了起来。对一个有机体而言，使躯体经受张拉力和压缩力的锻炼，会让肌肉和骨骼得以生长，而缺乏锻炼会造成肌肉和骨骼的损耗，同时增加脂肪组织，所以在细胞中，被弱化了的细胞张拉力会导致产生更多的脂肪细胞，而不是更多的骨细胞。

2006年，人们发现与干细胞相接触的物体的表面硬度，可以决定干细胞会产生哪种细胞系。宾夕法尼亚肌肉研究所的一个研究小组正着手创造脑组织、肌肉和骨骼特有的环境。在柔软的基底上，干细胞会产生神经细胞，而在较为坚硬和最为坚硬的基底上，干细胞则会分别产生肌肉细胞和骨细胞。

就基底的性质而言，这项研究成果是具有普遍意义的，但较新的研究已展示了特定的图形如何能影响干细胞的命运。米兰·莫克西奇曾于20世纪90年代末在乔治·怀特塞德的研究室工作过，当时他同怀特塞德和唐纳德·因格贝尔展开了将这些原理应用于干细胞的合作。他回忆说："那次合作是十分珍贵的。"他目前正在西北大学带领一个研究小组，将这些原理应用于干细胞。2012年，他的研究小组使用了不同形状的表面来放置细胞，其

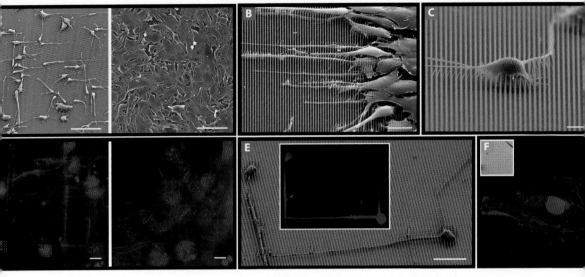

在被调整成了同一种平滑的硅表面在密度和高度上存在差异的纳米柱阵列上，乔安娜·艾森伯格的研究小组制造出了不同的干细胞生长模式，尤其是形成了近似于神经细胞轴突的细长的延伸部分（经《美国化学会·纳米》许可重印：*ACS Nano*, 6 (7), 6222–6230, 2012. Copyright © American Chemical Society）

中包括一种具有凸圆形曲线和五片花瓣的花形表面，以及一种具有五个尖角和凹形曲线的星形表面。这种星形表面会引起更大的分子张拉力，因此干细胞会分化成骨组织，而这种花形表面则会让分子变得更为放松，因此干细胞易于成为脂肪细胞。

有时需要的并不是促使干细胞生长，而是阻止干细胞生长，或者说，干细胞需要被保持在待生长的状态下。马修·达尔比在格拉斯哥大学的研究小组在这项研究上处于领先水平。他们找到了一种办法来让干细胞在一种具有纳米图形的表面保持不分化，其持续时间可达8周之久。这种具有纳米图形的表面上分布着直径为120纳米的小凹陷，而每对相邻小凹陷圆心之间的间距都是300纳米。他们发现只要打破这些小凹陷的规则阵列，就可以让绝大多数干细胞分化成骨细胞。

这些被错开的小凹陷可能会让被作为纳米模板的干细胞具有最早的外科手术用途之一。达尔比的研究小组正致力于将这种新知识应用于改进像髋关节替代物这样的移植物。传统的髋关节替代物是用一根穿过骨髓的杆子被固定住的，而在这根杆子周围的细胞容易生长成无差别的软组织，继而造成这根杆子和骨骼之间的连结被弱化，所以达尔比的研究小组正着手于寻找用于制造能够围绕被植入的杆子生长，同时将杆子固定起来的骨细胞的最佳纳米表面。

打乱这种小凹陷阵列的规则性之后被发现并不足以让绝大多数干细胞分化成骨细胞，要实现这个目标，这些小凹陷必须以拟正则的方式形成不规则的排列，换言之，完全随机的图形无法成功地让绝大多数干细胞分化成骨细胞，而达尔比的研究小组发现通过移动每

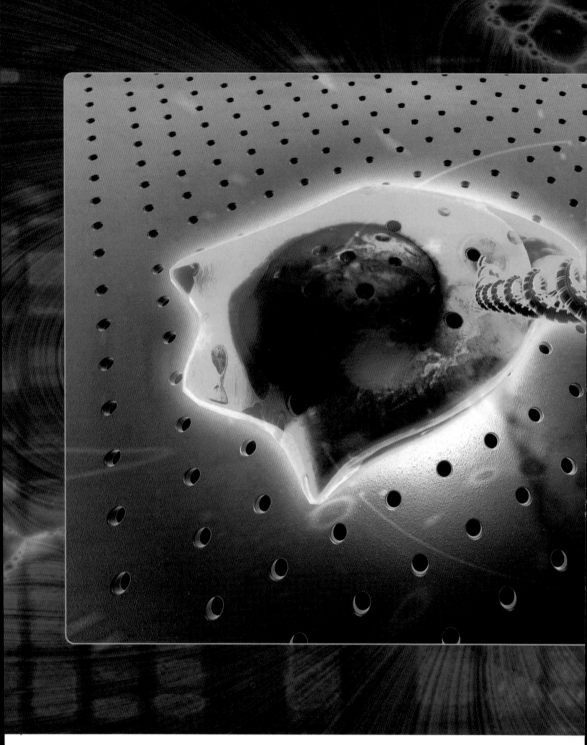

一位艺术家眼中纳米表面对干细胞生长产生的效应。纳米表面的这种效应会从根本上改变DNA的表达规则，从而改变细胞的命运

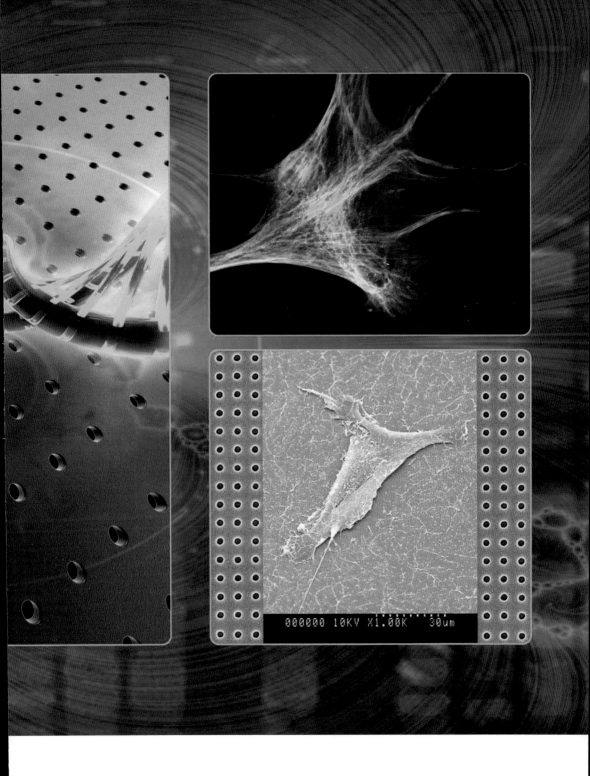

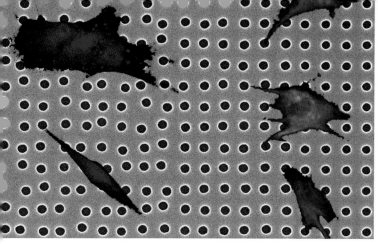
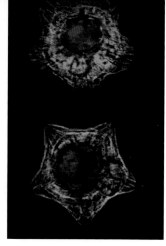

马修·达尔比在格拉斯哥大学的研究展示了在一种间隔均匀的阵列上生长的干细胞，能保持一种不分化的状态达8周之久，然而在一种间隔不均匀的阵列（图中左侧）上，干细胞会在引导下成为骨细胞（图中的细胞和表面并未反映出真实比例，因为在这种分辨率下，这些小凹陷实际上是看不到的）（经麦克米伦出版集团许可重印：*Nature Materials*, 2007, 6, 997–1003. Copyright © 2010）

在米兰·莫克西奇的研究中，星形基底会让干细胞向骨细胞发展，而花形基底则会让干细胞向脂肪细胞发展

个小凹陷，以使之随机偏离一种理论上均布为300纳米的网格达50纳米，能最为有效地让干细胞转化成骨细胞。这就像在玩一场规则性对决不规则性的猫鼠游戏一样。

用于制造这种新型植入物的材料并不是一种金属，而是一种被称为PEEK-OPTIMA®的聚合物。这项原理已在实验室中得到证实的技术，正作为一种实际的外科手术在迈入临床实验领域。

纳米图形显然能对干细胞的命运造成巨大的影响，但是否存在一种主程式呢？我们怎么知道哪种纳米图形会对哪种干细胞的命运造成影响呢？我们尚未找到答案。研究者目前正通过试错的方式在推动研究的进程。在西北大学纳米技术研究所主任查德·米尔金的研究中，我们可以看到一种更具系统性的方法的雏形。他开发出来的一项名为纳米组合的技术，会自动对几千种不同的图形进行评估。米尔金说："我们的办法是让细胞对图形库进行抽样，然后观察会发生什么。"这项技术的处理对象是直径为300纳米的图形，因为相比于更大的图形，这种规格的图形更可能导致产生类骨细胞。他们之后创造出了一种由直径为300纳米的图形所构成的基底，而结果是几乎所有的干细胞都在这种基底上分化成了骨细胞。

用纳米图形来影响干细胞命运的能力，意味着有一套完整的纳米结构基本规则——不仅适用于干细胞，而且适用于不可湿性（拒水性）、超高的壁虎式附着力、光子结构的结构色效应和更多的特性——有待被理解。当然，在不同的环境中，相同的结构或许不止有一种特性。

马斯特里赫特大学的马克·波斯特教授是首种干细胞牛肉汉堡的发明者

首种干细胞牛肉汉堡的制作成本为25万欧元。为这个项目提供资金的是谷歌公司的共同创始者谢尔盖·布林

有一种用于伤口修复的材料十分有趣，因为它既是一种技术物质，又算得上是一种天然物质，而这种材料就是蚕丝。塔夫茨大学的大卫·卡普兰展示了被加工过的蚕丝具有的多功能性。在第5章中，我们看到了丝线的光子学用途，而卡普兰的研究小组同样扩大了丝线的用途范围，他们制作出了一种丝线复合材料。这种材料不仅具有很强的抗张拉强度（蚕丝最为闻名的特性），而且通过一种新颖的处理方式，他们让这种材料获得了一种粗糙的质地和高抗压强度。这种材料可以为引导干细胞形成骨组织提供一种高质量的支架。天然丝本身就是一种由两种组分——坚硬的结晶β-折叠，以及富有弹性的抗张拉α-纤维——所构成的复合材料。卡普兰的碱解工艺首先会创造出由高密度β-折叠材料所构成的微细纤维，然后会将它们混入一种α-纤维基质中。除了高强度和为骨细胞提供引导的特性外，丝线的另一个优势是具有比合成材料更好的对免疫系统的兼容性。

除了医疗用途以外，具有纳米图形的干细胞还有另一项引人注目的潜在用途——提供营养。人们正在培养用于直接制造肉的动物肌肉干细胞。如果这成功了，那直接用干细胞来培养肉将产生一种巨大的环境影响。肉主要是肌肉，而肌肉是一种用于伸展和收缩，以及承受张拉力的组织。如果仅仅是培养肌肉干细胞，那最后得到的就是一团更像是一种胶状物，而不是肌肉的松软的细胞，但研究者发现用魔术贴来使生长中的细胞团处于紧张状态，同时用一股股的电流来模拟会活化肌肉的神经冲动，能创造出一种近似于动物细胞的有纹理的肌肉组织。

马斯特里赫特大学的马克·波斯特教授制造出了首种可食用的试管牛肉汉堡。这个项目在很多方面都是不同寻常的，尤其是高达25万英镑的项目资金是由一个要求研究者在一年的时间内制造出一种可食用的合成汉堡的匿名人士所捐献的。设立这个项目的根本原因，

干细胞生长出来的牛肉肌肉细胞

2013年8月5日，美食评论家汉妮·鲁慈勒在首种干细胞汉堡的新闻发布会上试吃这种汉堡

在于牛和猪摄入的营养和肉的转换率只有15%左右，而全球的食物供应压力又在与日俱增。

　　2013年8月5日，研究者以邀请美食评论家试吃的形式向公众揭开了这种干细胞汉堡的面纱，同时投资人的身份也被透露了出来，他就是谷歌公司的共同创始者谢尔盖·布林。当时只有两名美食评论家——汉妮·鲁慈勒和乔希·舍恩瓦尔德——受邀品尝了这种由特殊食品厨师理查德·麦克基恩所制作的汉堡。在这一阶段，这种汉堡没有真正汉堡具有的脂肪、血液和其他数之不尽的次要成分，但正如马克·波斯特一直以来所强调的：这只是一项原理验证。美食评论家对这种汉堡的评价是积极的，但有保留意见。汉妮·鲁慈勒评论说："口感完美，但要是有盐味和胡椒味就更好了。"当然，我们可以给这种汉堡加上佐料，对25万英镑的预算来说，这一成本不过九牛一毛。在有足够的肉来制作一个完整的汉堡之前，英国广播公司的《科学俱乐部》栏目于2012年11月20日举办了一次更早的试吃活动，当时马克·波斯特承认这种肉尝起来更像是鸡肉，而不是牛肉，但我们从中得到了一条重要经验：虽然干细胞也许最终能生长为能正常运转的器官，例如肝脏和心脏，以造福人类，但并不是说我们必须得用干细胞来制作器官。

　　组织工程是医学纳米技术宏大的目标之一，而另一个远大的目标是能够追踪发生病变的细胞，然后有针对性地对其施以药物的智能纳米机器人。目前的癌症治疗方法对癌症患者来说是极为痛苦的，而且往往会对健康的细胞造成附带损害。人们正在迫切地寻求一种高效的纳米技术"手术刀"，以取代"手术斧""化疗连枷锤"和"放疗炙焰"。这样一种

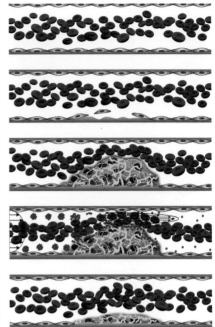

一个DNA纳米机器人。这种由哈佛大学的乔治·彻奇发明的纳米笼结构，被编入了当机器人遇到一个癌细胞时便会释放有效的药量来将之杀死的程序（此图是坎贝尔·斯特朗、盖尔·麦克吉尔和肖恩·道德拉斯用Maya和Cadnano这两种软件制作出来的）

唐纳德·因格贝尔的定向纳米包裹是一种纳米颗粒聚合体。当遭受到剪应力时，这种聚合体便会分解，所以当这种聚合体遇到因血栓而变得狭窄的动脉时，分解便会发生。这些纳米颗粒包含一种会溶解血栓的因子

带有精准打孔凿的纳米机器最终被乔治·彻奇——哈佛大学怀斯研究所的另一名成员——实现了。彻奇是一位高产的DNA研究者，他设计了一种可编程的DNA纳米机器人。这种机器人在遇到了肿瘤细胞的时候，便会释放出靶向药物。这种机器人的高明之处，在于其结合了来自于差异巨大的科学领域的技术。用于存放药物的盒子，是通过标准的DNA折纸技术被创造出来的。在这项技术中，一条长DNA链会借助数百条DNA"订书钉"短链折叠成固定形状（详见后文）。这种用铰链连接的盒子（35纳米×35纳米×45纳米）被编入了基于适体——DNA的一个特殊部分——的锁钥识别来开启的程序，而适体是从试管中进化而来的，能根据蛋白质识别位点和像微处理器一样的逻辑编程来识别一种靶细胞。这种机器人配备了两种锁，并被编入了当两种锁都被激活时才会打开的程序。

彻奇的纳米机器人接受了各种各样的细胞的检验，这其中包括白血病细胞。这种机器人能选择性地绑定白血病细胞，然后释放出会抑制白血病细胞生长的抗体。虽然这套系统尚不成熟，但其展现出来的靶向给药的精度，意味着实现靶向杀死肿瘤细胞的梦想是指日可待的。这种机器人的DNA外层既具有生物相容性，又具有生物可降解性。

纳米药物定向定位的另一个范例同样来自于唐纳德·因格贝尔的实验室。继对细胞力

学特性的兴趣之后，他在怀斯研究所的研究小组设计出了一种会利用两种简单的力学特性来定位血栓的纳米机器人。血栓会减少血管中的血流量，使得血液在血管栓塞部位的剪应力升高。鉴于这种问题，因格贝尔的研究小组合成出了由纳米颗粒所构成的聚合簇。当遭受较大的剪应力时，这些聚合体便会分解，所以在血管中遇到由血栓造成的高剪应力的时候，它们就会分解，但在正常的血管中，它们会保持完整。这种纳米颗粒的直径约为180纳米，而它们被一种可生物降解的简单聚合物聚合起来的直径在2000纳米至5000纳米之间。

这些聚合物本身并不能消除血栓，但它们表面涂有一种能高效溶解血栓的组织型纤溶酶原激活物，但如果全身性地施用组织型纤溶酶原激活物，那它们便会充斥于整个血管系统中，而不是以血栓为目标。这可能会在血液循环系统中的其他地方造成危险的出血情况。这项技术到目前为止只在小白鼠身上进行了测试，但在一次实验中，7只对照小白鼠全都死于了血栓，而7只接受了这种技术治疗的小白鼠有6只存活了下来。

我们总是习惯性地认为我们可以让纳米机器人在体内寻找目标，以至于容易忽略在体表进行纳米医疗干预的可能。昆士兰大学的马克·肯达尔教授发明的纳米贴片，是一种用于皮肤的医用纳米阵列。纳米贴片上布满了肉眼不可见的微型疫苗接种针头，每平方厘米的针头数量超过了20000个。这些用一项由计算机芯片产业中衍生出来的技术从硅片上蚀刻出来的针头，只有0.1毫米长，纳米级的针头上覆有冻干疫苗。当把这种贴片敷在皮肤上时，这些针头便会无痛地刺入皮肤中，然后释放疫苗。这套系统的有效性已经在小白鼠身上得到了证明，即将进入人体临床实验阶段。纳米贴片不仅使用起来很简单，而且在成本上比标准的疫苗接种要便宜100倍。

最后，如果石墨烯完全没有医疗用途，那就是怪事一桩了。事实上，除了我们之前看到的诸多特性外，石墨烯还有一种抗菌特性，但石墨烯非常柔韧，所以需要一种支撑物，才能被用于伤口愈合。中国的一个研究小组使用了脱乙酰壳多糖——一种掺杂了石墨烯的长链多聚糖（淀粉就是一种多聚糖），并报告说取得了良好的效果。石墨烯之所以能实现伤口愈合，似乎要归因于石墨烯非凡的电子特性。石墨烯有着良好的导电性，所以在遇到细胞的时候，细胞膜的电位会触发电子向细胞内释放。在细菌细胞（没有细胞核）中，这会干扰细菌的DNA，但在含有细胞核的动物细胞中，这样的电子无法穿透细胞核对DNA造成影响，所以石墨烯是一种非常有效的杀菌剂，而这一特点的一种显而易见的用途，将是石墨烯增强橡皮膏，但这种材料的成本要下降几个数量级才会具有经济上的可行性，不过成本的骤降对新技术来说是一种常态。

人体的变化过程是在纳米尺度上发生的，但到目前为止，医疗介入通常是处于宏观尺度上的（外科手术），或者是处于比纳米更小的化学药物水平上的，所以有效的纳米级医疗介入，将使一些至今难以被治愈的疾病得到控制。

第8章 在玩耍中进步

人只有在完整意义上的游戏的过程中，他才是一个人。只有在游戏的时候，他才完全是一个人。

——弗雷德里希·席勒,《论人的审美教育》[1]

让我的游戏成为我的学习，让我的学习成为我的游戏。

——约翰·赫伊津哈

---

[1] *On the Aesthetic Education of Man.*

福禄贝尔设计的"恩物"，是一套旨在培养使用者同学习对象建立起一种"内在联系"的玩具。这套玩具能为使用者提供丰富的三维和空间探索体验，而且对结晶学和设计产生过深远的影响

1938年，荷兰史学家约翰·赫伊津哈写了一本极具思想性的游戏研究著作——*Homo Ludens*（《游戏的人》）。他在这本书中提出了游戏至上的观念：

游戏比文化更古老，因为文化——无论被定义得有多么不充分——总是以人类社会为先决条件的，而动物并不需要人来教它们如何游戏。

最为重要的是，赫伊津哈提出了一个令人信服的论据——我们在生活中的大部分时间里都在严肃地游戏，这意味着理解这一点的冷静的"玩家"会取得成功，而其他人则只能苦苦挣扎。通过研究最为严肃的战争、政治和法律的例子，赫伊津哈剖析了这些领域中对抗体制、转换装束、手段和策略的规则和语言。

同游戏一样，从科学是我们渴望理解寰宇的表现形式的意义上来说，科学肯定也比文化更古老，但科学的进步依赖于文化，而政治和从政者之间的相互影响，无疑是科学的一种促进因素。

在这一章中，我们希望用丰富的例子来展示对科学进步的追求可以是有趣和快乐的，以及一种卓有成效的严肃的"游戏的人"式的科学进步途径。

德国教育学先驱和正规幼儿园教育的发起者弗雷德里希·福禄贝尔（1782—1852）是严肃游戏的伟大提倡者。很少有人知道福禄贝尔原本是一名结晶学研究者。这一段经历塑造了他对自然世界的看法。在克里斯蒂安·魏斯（1774—1853）的指导下，福禄贝尔观察到了追求几何秩序的大自然，并系统地阐述了有关人类发展的理论。

……即使是在所谓的无生命的石头和从岩床上撕裂下来的岩屑上，也有在转换和产生能量同活性的病菌。在我周围这些（矿物）形状的差异中，我察觉到了在各种各样的变形下有一种发展规律……从那以后，我的岩石和晶体充当起了我的一面镜子。在这面镜子里，我可以看见人类，可以看见人类的发展和历史。[①]

他将这种观念发展成了一种在当时具有革命性的教育理论："存在于世界构造中最简单的形状，在孩童心智中奠定了理解世界的基础。"在拒绝了一个在斯德哥尔摩任职的教授职位后，他成立了自己的第一所学校，也就是幼儿园系统的前身。

他还制作了"恩物"，一套旨在培养使用者同学习对象建立起一种"内在联系"的几何图形玩具。"恩物"总共有20种，而第19种是一种早期的"球-棍"分子模型套件。事实证明福禄贝尔的想法很受欢迎，尤其是深受生活在死板的普鲁士社会，在知识上受压制的女性的欢迎，然而鉴于3年前的民主革命，普鲁士法院担忧民众会再次获得新的自由权利，因此在1851年宣布这一运动为非法，并关闭了福禄贝尔的7所幼儿园。心碎不已的福禄贝尔在1年后便去世了，但这场运动在其他国家如浪潮般受到了被赋予了能让下一代自由发展的权力的女性的支持，而建筑师弗兰克·劳埃德·赖特的母亲安娜，正是这样一位

---

① 这段话的背景是福禄贝尔早年在柏林的实验室里从事晶体研究。——译者注

女性。她给赖特买的"恩物"，之后被证明是有助于赖特成长的。赖特在晚年经常强调"恩物"对他的影响：

> 在福禄贝尔的幼儿园里……母亲发现了名副其实的"恩物"。同恩物一起的，是一套作为所有形状自然产生基础的系统。

有趣的是，包豪斯建筑学派和早期现代主义迸发背后的推动者——沃尔特·格罗皮乌斯、保罗·克利、约瑟夫·亚伯斯、勒·柯布西耶、瓦西里·康定斯基、乔治·布拉克和皮特·蒙德里安——都曾受益于由福禄贝尔所促成的幼儿园教育。这可以从约翰内斯·伊顿对包豪斯建筑学派富有感染力的号召中看出——"*Unser Speil. Unser Fest. Unsere Arbeit.*"（我们的游戏。我们的庆典。我们的工作。）

在20世纪初革命性的建筑风格、艺术和设计中对图形和形状典型的几何处理方式，被在前一个世纪还是孩子的提倡者根植于了严肃的游戏。

同女性在早期幼儿园运动中扮演了关键角色同样有趣的是，在自然科学中，就女性贡献者的比例而言，结晶学可能是独一无二的。多萝西·霍奇金破译了一些重要的蛋白质，以及青霉素和胰岛素的结构，并在1964年赢得了诺贝尔化学奖。如果罗莎琳德·富兰克林没有在1958年就英年早逝，那她发明的对破译DNA结构至关重要的X射线衍射成像，可能会让她同克里克和华生一起在1962年赢得诺贝尔奖。在去世前，她还负责完成了对烟草花叶病毒结构的重要研究，而且她对石墨的深入了解，为之后的碳纳米管、富勒烯，以及海姆和诺沃肖洛夫的石墨烯研究打下了基础。此外，凯瑟琳·朗斯代尔、海伦·梅高、卡罗莱娜·麦克吉拉弗雷和伊莎贝尔·卡尔全都是结晶学的女性先驱。

> 袭击一个晶体晶格的X光机会使它的构架和支架成为四维超正方体投射的阴影。
>
> ……
>
> 每一个晶体都是一场弥漫于这个晶体中的光影盛宴的视觉过滤器。
>
> ——克里斯蒂安·布克，"麦克斯·冯·劳厄（1879—1960）"，《结晶学》①

在当前的科学研究中，海姆和诺沃肖洛夫的石墨烯研究小组是游戏性趋势的典范。他们显而易见的成功或许会鼓励更多的科学家"在科研领域中游戏"，愿意为了偶然的突破而接受高失败率。虽然资助团体或许会为这种轻松愉快的研究策略提供资金而担忧，但事实胜于雄辩。

想象一下，如果又出现了一个理查德·费曼，然后他告诉大家："物理学就像是性爱。当然，这样来研究也许会产生一些实际效果，但那并不是我们研究的原因。"创新、大学与技术部（DIUS②）或科技设施委员（STFC③）的人会有多么惊愕。他们会开开心心地把公

---

① "Max Von Laue", *Crystallography*.
② 即 Department for Innovation, Universities & Skills。——译者注
③ 即 Science & Technology Facilities Council。——译者注

在太空中培养出来的蛋白质晶体。由轨道卫星提供的无重力环境，能够让研究者在没有重力沉降的情况下培养出更高质量、更规则和更大的蛋白质晶体

款花在以这种态度开展的研究上吗？好吧，有时娱乐驱动着进步。

拉斯米塔·拉瓦尔和她的研究小组正在利物浦大学开发"恩物"的纳米对应物。他们正在制作一套以烃嵌段共聚物为构筑基元，并以铜作为构筑表面的构建系统，同时还在用一些众所周知的规则分子——卟啉、并五苯和二萘嵌苯——来构建一套完整的分子结构的基本原理。规则的铜表面从微观尺度上来看是很光滑的，但从纳米尺度上来看却是呈波纹状的，其原因在于组织严密的结晶结构。卟啉会像乐高积木一样方方正正地衔接在铜表面，因为它们偏爱底层基质上稳定的键合位点。他们正在获取有关强和弱的相互作用是如何在表面上形成自组操控基础的知识。目前，他们已能用少量的组分缀合出一系列令人印象深刻的底层结构了，而这些底层结构可以创造出供大量全新的结构和实验使用的平台。

"小科学"可以是心血来潮和异想天开的，可以是由直觉，而不是议程所主导的。

——菲利普·鲍尔，《好奇心》[1]

菲利普·鲍尔所谓的"小科学"指的是处于一种较小尺度上的科学，而不是像大型强子对撞机这样的纳米技术，但所有的纳米技术都具有游戏性，而且有一些的游戏性比其他的更高。比起福禄贝尔的"恩物"，纳米结构材料其实更适合游戏，因为物质在纳米尺度上展现出来的一些特性是如此的自相矛盾，以至于用它们来设计派对上的小把戏，将是极富吸引力的，所以我们接下来将为你呈现"Homo Ludens Nanoensis"（"与纳米有关的游戏的人"）。

两名法国研究者通过研究超非润湿表面——

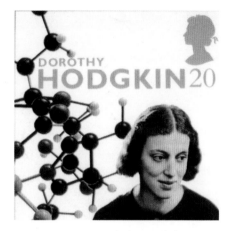

诺贝尔奖得主多萝西·霍奇金证实了青霉素、胰岛素和维生素B_{12}的结构。她的连续晶层的截面图堆集使理解连续晶层复杂的三维性成为可能

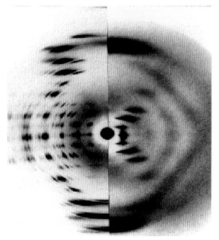

A-DNA   B-DNA

两种DNA结晶形状的X射线衍射：A型（左）和B型（右）。罗莎琳德·富兰克林的X射线结晶学研究揭示了B型DNA是一种有固定直径的双螺旋，而这一关键信息帮助华生和克里克推导出了完整的DNA结构

———————————

[1] *Curiosity*

一项源于莲属植物的拒水和自洁特性的研究——呈现出了一种禅意之美。他们创造出了可以浮在水面的水滴。其秘诀在于经常在学校的物理课上用于使声波和静电电荷的图形可见的石松粉。这是一种从东北石松（学名为Lycopodium clavatum）中提取出来的黄色细粉状物质。在涂有石松粉的水滴中，将石松粉颗粒和水滴结合在一起的力，比外部水团的润湿力更强，所以这些水滴会像液体弹珠一样轻轻地掠过水面。

对人类来说，这是一项新发现，但大自然以这种方式来聚拢液体的历史已经有几百万年了。有些蚜虫终其一生都生活在植物瘿里。它们会通过干扰寄主植物的新陈代谢来创造一团团的疣状虫瘿，但这会使蚜虫不得不面对一个宇航员也会遇到的问题——如何处理排泄

肌红蛋白分子展示了一种天然功能性纳米结构的复杂性。卟啉在肌红蛋白和血红蛋白的结构和功能中处于核心地位。肌红蛋白和血红蛋白之所以能向人体各处输送氧，正是因为卟啉具有一种氧结合腔

物？蚜虫以植物的汁液为生，而且会产生大量略带白色的含糖排泄物——蜜露。如果蚜虫不能轻易地将蜜露从虫瘿中排出，那它们便会有被这种物质淹死的风险，可蜜露很黏，一旦一只蚜虫被困在了一个蜜露球中，那它就不可能从中逃脱了。

为了解决这个问题，蚜虫会制造出一种蜡针。这种蜡针会在虫瘿里逐节断开，然后在虫瘿的内侧排列成一种粗糙的蜡质表层的蜡针。这些蜡会在蜜露的表面形成一层起保护作用的不可湿润层，而这看起来就像是液体弹珠。蚜虫甚至会雇用少量的士兵蚜虫来把蜜露球从虫瘿里给推出去！

蚜虫的秘密在一篇题为"蚜虫是如何失去它们的弹珠的"的论文中得到了揭示，而这篇论文的作者是印度物理学家拉克什米纳拉亚南·马哈德万和他的研究小组。被大家称为"马哈"的马哈德万，是哈佛大学怀斯研究所的一名成员，也是我们这颗行星上最爱游戏的科学家。他会选取各种各样的日常生活现象，例如织物是如何成褶状垂挂的，捕蝇草是如何迅速地合上叶子的，并对它们做出令人眼花缭乱的数学分析。

能同马哈德万竞争最异想天开的科学家这一称号的，非安德烈·海姆莫属。海姆醉心于自然现象的奇特性，而且会令他说出为自己去领搞笑诺贝尔奖而"惹得同事生气"开心不已的这种童心，势不可挡地将他带向了物质的游戏性。他不愿把自己局限在单独一项研

海姆的研究小组用纳米聚合物柱——用以复制壁虎脚上的刚毛——创造出了一块"壁虎胶带"样本，而蜘蛛侠无疑是最好的检测者

"液体弹珠"——涂有石松粉的水滴——会在水面轻轻地掠过

究上。2000年，他开始对壁虎脚著名的黏性展开了研究，而这种现象的机制曾让科学家冥思苦想了百年。

伯克利大学的一个研究小组在那年之前已经证明了壁虎的秘密，是它们脚上会同任何表面形成分子接触的20亿根微小的毛发。在这种极为紧密的接触中，纳米科学最为古怪的特性之一便会起作用。这就是范德瓦尔斯力，一种普遍存在的自然力。安德烈·海姆在读到这篇论文之后，便开始用一套纯技术系统来复制壁虎脚的原理。尽管海姆对范德瓦尔斯力的说法有所怀疑，但这完全合乎他特立独行的风格。

海姆的研究小组用纳米聚合物柱——用以复制壁虎脚上的刚毛——创造出了一块1厘米见方的"壁虎胶带"样本。因为壁虎胶带会让每个人都想起蜘蛛侠，所以海姆用这块样本把一个玩具蜘蛛侠挂在了一块玻璃板上。如今10多年过去了，壁虎胶带和蜘蛛侠的故事还是会出现在媒体上，而真正的蜘蛛侠却仍未出现，不过海姆确实以他令人钦佩的潇洒自如完成了蜘蛛侠的原理验证。

壁虎脚不仅可以牢固地附着在任何表面上，而且能通过灵巧的屈伸来改变附着力。研究者一直在谋求能让新奇的结构基于电脉冲、湿度、湿度变化或光照来移动，而最有趣的实现方式之一，是由李胜宇在加利福尼亚大学伯克利分校的研究小组创造出来的具有抓握力的石墨烯指。通过将蛋白质工程和纳米技术巧妙地结合在一起，李胜宇的研究小组合成出了一种类似于天然弹性蛋白的多肽，并将之和石墨烯键合在了一起。通过预先将这种合成物的一端暴露在水蒸气中，可以在这一端创造出比另一端更显著的多孔性。用一束红外激光来照射这种合成物，以使局部被加热，会让水从中被排出，继而导致这种合成物发生弯曲。李胜宇的研究小组创造出了一种会在任何被激光照射到的地方弯曲的"手"。当激

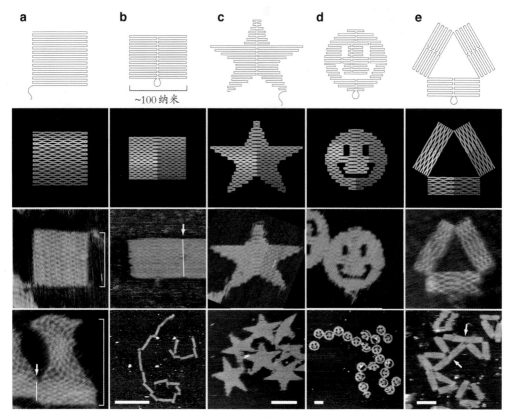

DNA折纸术。2006年，保罗·罗特蒙德在加利福尼亚理工学院设计出了一项通过将DNA链钉在一起的办法来制作设计图形的技术，并因此赢得了当年的费曼纳米技术奖

光停止照射时，"手指"便会放松下来，而这种弯曲循环可以被重复很多次。除了弯曲以外，一条这样的材料还可以实现行走。虽然这只是一项技术演示，但这项技术在未来可能可被用于软体机器人技术和光控动态细胞培养。

异想天开的行为经常会成为头条新闻。2006年3月16日，首屈一指的科学杂志《自然》用笑脸符装点了封面。这些笑脸符不仅是为人熟知的表情符号，而且是差不多只有100纳米宽的笑脸符的显微图像。这些笑脸符是在根据由加利福尼亚理工学院的高级研究员和"DNA木偶大师"保罗·罗特蒙德设计出来的化学指令完成自组的DNA中被拼出来的，而这就是DNA折纸术[①]。

罗特蒙德的这套程序可以创造出任何你想要的形状。他选择笑脸符的原因和海姆在发现任何物质——包括水——中的微弱磁性都足以同最强力的磁铁实现悬浮之后选择悬浮一

---

① 折纸术是一种隐喻，指的是存在于大自然中，而且可被技术复制出来的某些类型的折叠过程。在《壁虎脚》（The Gecko's Foot）一书中，有一章就是关于这个主题的。这项技术即将产生让人意想不到的新转折。乔治·怀特塞德最近正在创造被打印在纸上的电子线路。一旦电子线路被打印完成，那纸就可以用传统的折纸技术被折叠起来，所以纸飞机现在可以迈入带有发光二极管的电子时代了。

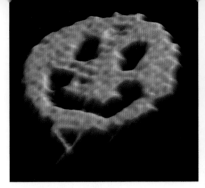

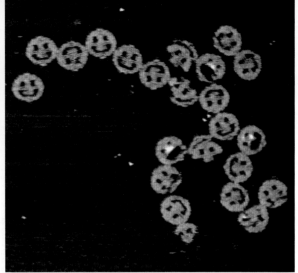

2006年，保罗·罗特蒙德著名的DNA笑脸符出现在了《自然》杂志的封面上。罗特蒙德的研究让DNA纳米技术进入了一个繁荣期

只青蛙的原因是相同的。

事实上，多年以前就有人做过同罗特蒙德的笑脸符类似的DNA实验了，但使这一学科开始受到关注，并掀起研究热潮的确实是罗特蒙德的笑脸符。纳米科学家在很久之前就意识到了DNA具有能使自身成为一种标准机器的特性。从细胞中分离出来的DNA，是一种完全遵循建筑学原理的结晶物质，也就是著名的双螺旋。很多天然结构材料都含有看起来像DNA一样，而且会被我们通过编织和纺织来制造可为我们使用的结构的长线状体，例如棉花、羊毛和木头。就羊毛和植物原料中的纤维素（糖链接起来的长链）来说，构成它们的物质是蛋白质，但DNA是一种"纤维+"：所有的DNA都是从头到尾重复了几千次的相同化学结构。我们在塑料中对这一结构进行了复制，但DNA是可寻址的，因为螺旋体上排列的碱基始终具有一种特定的模式，比方说，每3个1组的碱基都有一个可被其他化学物质识别出来的独特编码。

对纳米科学家来说，DNA的特性意味着4件事情：

（1）因为DNA的每种碱基只会吸引与之互补的碱基（A会和T键合，C会和G键合），所以创造出具有能通过自组连接起来的"黏性末端"的DNA是可能的。

（2）在一段DNA序列上，每个碱基独一无二的地址会让人联想到计算机存储器，而计算机存储器又会让人联想到DNA计算。

（3）（1）+（2）意味着DNA阵列结构可以被创造出来，以作为在一种比目前的硅技术更小的尺度上制造电子元件的模板。

（4）因为DNA既是一种生物分子，又是一项可编程技术，所以DNA具有潜在的医疗用途。DNA的结构可充当以向选定的组织递送药物为目标的纳米机器人。

罗特蒙德的笑脸符使得DNA纳米技术得到了快速发展，同时涌现出了很多有趣的技术演示，但除了我们在第7章中看到的给药纳米机器人，DNA纳米技术在绝大多数领域中离

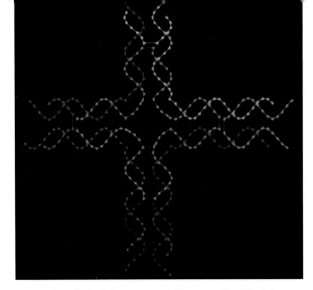

要在一个表面上用DNA链来构建一种简单的重复网格，需要通过巧妙的编码来折叠DNA。除了图中这种在二维表面上被制作出来的图形以外，三维图形也正在被创造着

应用还相去甚远。

然而游戏性的DNA纳米科学正在飞速地发展。DNA纳米科学的一种发展途径，是创造出能够在物体表面沿着程序化路线行进的DNA马达，而这意味着能在纳米尺度上将货物分流的纳米物流仓库。"分流"是一个恰当的说法，因为牛津大学的安德鲁·特伯菲尔德设计出了事实上是一种DNA纳米铁路模型布局的东西。在他刊载于《自然纳米技术》上的论文中，他的想法并没有看上去那么异想天开。这篇论文的题目是"一种能够穿越一个轨道网络的DNA分子马达"[1]。在最初的设置中，一共有4条轨道可供选择。DNA纳米包裹会顺利地到达正确的目的地吗？到目前为止，成功率为71% ~ 97%。虽然这并没有达到被我们同纳米联系在一起的精度，但这种游戏似乎是很有趣的。

火车、轮船、飞机和其他的交通工具在纳米科学家眼中的魅力，似乎和它们对世人的吸引力是不相上下的。2011年11月，《自然》杂志报道了一辆能在一种铜表面上行进的分子汽车，其动力源于由一台扫描隧道显微镜所射出的电流。这辆"车"仅有4纳米长，2纳米宽。自然世界中存在着大量的分子纳米马达：正如我们在第6章中所看到的，所有的活细胞都将它们嵌入了细胞壁中，用来为细胞发电。

说回分子汽车。分子汽车的主意最初只是一种马达，也就是一种可以在特定波长的光的照射下转动10000倍于自身大小的物体的强大的有机纳米分子。这或许是一项重要的新技术的开端，但也可能永远只是一种奇特的戏法。

刚刚说的马达是一种会被添加到一种浓度为1%的液态晶体膜中的螺旋形的小分子（其长度不足以形成一个完整的螺旋，完全不像长长的DNA双螺旋）。这种分子具有两种构象。在被波长为365纳米的光照射到的时候，它们会从一种构象快速地翻转成另一种，而当它们快速翻转时，整个液态晶体便会开始转动，同时带动一根被固定在晶体表面的玻璃棒，所以这一系列的运动都是由这种微小的分子所触发的，而这种分子的光致结构变化，非常像一大群人在一个人的领头下玩起的人浪。

---

① A DNA-based molecular motor that can navigate a network of tracks.

在分子汽车中，一种具有4个子单元的分子能够在一台扫描隧道显微镜的探针射出的电流的刺激下快速地翻转它的3D构象。当所有的轮子一起转动时，每一次翻转可以让分子汽车行进0.7纳米。这种"车"能基本沿直线在一种铜表面上移动，而目前最远的行驶记录足足达到了6纳米！

正如我们在第5章中所看到的，光在很多纳米技术中都扮演着重要的角色。激光是物质世界中普遍存在的典型光源，而且利用激光又是我们对大自然加以改进的一种典型方式，但我们在第6章中看到了植物叶片其实是光子结构的，而且具有远超过我们当前技术能力的特性——用叶绿体来捕获太阳能，以为植物提供能量，同时创造生物质。

因此哈佛大学和麻省理工学院的研究者在2011年7月发现了一个活细胞能起到一束激光的作用，也就没那么令人惊讶了。其秘密在于分子生物学的奇迹之一——绿色荧光蛋白（GFP[1]），而水晶水母（学名为Aequorea victoria）发出的明亮绿光，正是由绿色荧光蛋白所引起的。这种活性蛋白是由日本有机化学家和海洋生物学家下村修于1962年发现的。16岁的下村修在长崎核爆中幸存了下来，然后在战后遭受了毁灭性打击的日本克服巨大的困难，成为了一名首席研究员。1960年，他去了普林斯顿大学，并在那里完成了为他赢得了2008年诺贝尔化学奖的绿色荧光蛋白研究。自1962年起，绿色荧光蛋白通过基因突变得到了发展和完善。几十年来，绿色荧光蛋白一直在被用于观察活动中的蛋白质。绿色荧光蛋白的基因会被拼接到研究中的蛋白质的基因上。绿色荧光蛋白是荧光性的，这意味它们在被紫外光照射到的时候，会发出一种明亮的可见光，所以当靶基因产生了蛋白质时，绿色荧光蛋白便会发光。

事实证明，这种现象对"转基因艺术家"爱德华多·卡克有着无法抗拒的吸引力。2000年，他同阿维尼翁市的一所实验室一起制造出了一只被植入了绿色荧光蛋白的荧光绿兔子。这自然引起了一些人的不满，以及围绕应该如何来利用科学创新的道德争论。

在标准的绿色荧光蛋白实验中，绿色荧光蛋白会发出正常的绿光，而激光具有单波长、波束窄和波同相的特征，因此哈佛医学院的两位研究者——马尔特·加特和尹锡炫[2]——通过向一个哺乳动物细胞（注意不是一个原本就具有光学装置的植物细胞）连续发射一种波长更低的蓝光的光脉冲，用内部经基因工程处理过的绿色荧光蛋白诱导这个细胞产生了绿色的激光。当达到一个临界值时，这种来自细胞中的光会突然从漫射转换成定向激光。这两位研究者指出，这种违背自然规律的技术似乎并不会对细胞造成损伤。

直到最近，全世界所有的纳米技术都属于生命系统范畴，所以尝试模仿生命系统（仿生学）是一个恒久不变的主题。我们在第4章中展示了自然纳米技术能令人惊讶地调整矿

---

① 即 green fluorescent protein。

② 谐音。——译者注

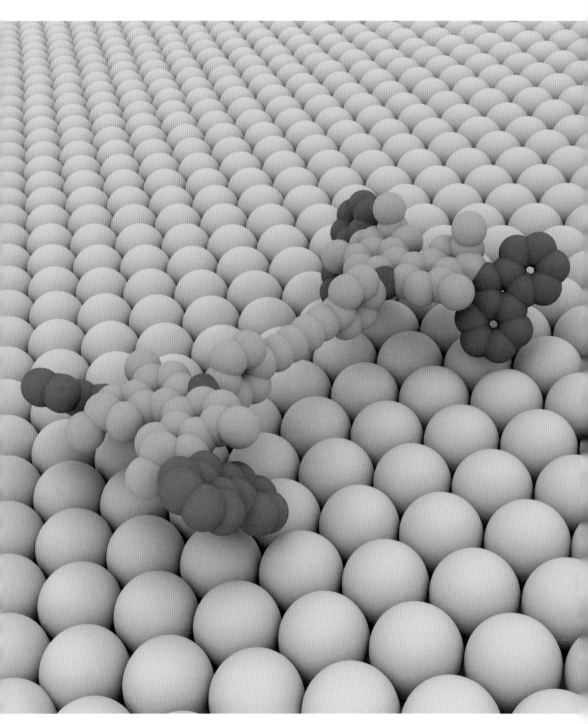

　　一辆能在一种铜表面上行进的分子汽车，它转动的车轮是由从一台扫描隧道显微镜中射出的
电流所驱动的。这辆"车"仅有4纳米长，2纳米宽，而目前最远的行驶记录足达到了6纳米！

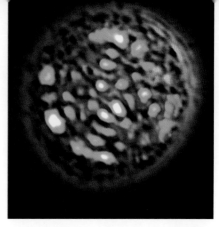

"阿尔巴"这只生于2000年的绿色荧光蛋白兔，是爱德华多·卡克众多的"科学艺术"项目之一。这只白色的兔子在紫外光下会变成荧光色的。值得注意的是，一只兔子在被赋予了这种奇异的特性的时候，并不会受到伤害

首个生物激光器。2011年，德累斯顿工业大学的研究者诱导一个被混合了绿色荧光蛋白（源于水晶水母）的活的人类细胞在光泵浦下发出了激光。医生如今会用激光来采集影像，或攻击细胞，以治疗疾病。作为替代，生物激光器可以在人体中被生成出来，或者被放大，而且相比于传统激光，生物激光器可以更深地穿透组织

物生长，并为其提供生长模板的结构力，往往是由蛋白质所提供的。中国和美国的一个联合研究小组发现了一种调整二氧化钛纳米材料生长的迷人的方法。二氧化钛是一种神奇的物质，具有主要取决于其纳米结构的自洁、杀菌、催化和电子特性。包淑娟的研究小组用蒲公英花粉、蛋白（鸡蛋白的蛋白质）和酵母为二氧化氮的纳米结晶提供了生长模板。这种以酵母为模板的纳米材料具有一种过去从未被实现过的更好的光催化特性，而正是光催化作用使得二氧化钛能够自洁和杀菌，然而纯粹从形状的角度来看，这种蒲公英版本的二氧化钛是最为有趣的。蒲公英花粉具有一种像富勒烯那样呈网格球顶式的结构，而二氧化钛晶体会在这种笼形结构的孔洞中生长，从而创造出一种像雪花一样的图形。

在纳米尺度上游戏，时常会发生同大尺度图形的类比。毕竟几何图形在纳米尺度上是不存在变化的。美国能源部劳伦斯伯克利国家实验室的研究者，描述了当金在一种涂有二氧化硅的硅表面上被熔化时形成的"麦田怪圈"。这些大小不一的圆圈是随机分布于这种硅表面上的，而且每个圆圈的正中总会完美地形成一个方块。这种图形化是由金层中的应变效应（在小于100纳米的尺度上，这种效应会增强）所驱动的。这项技术制造出来的图形除了能为论文起一个花哨的标题，以及满足菲利普·鲍尔的"受感情驱使和异想天开"的科学标准以外，尚不具备其他用途，但这项技术的研究者指出，这种合金化反应"也许能为纳米材料工程和加工提供新的途径"。

2009年搞笑诺贝尔奖的奖项之一为纳米学界带来了一种在南美狂欢节上微醺的感受。

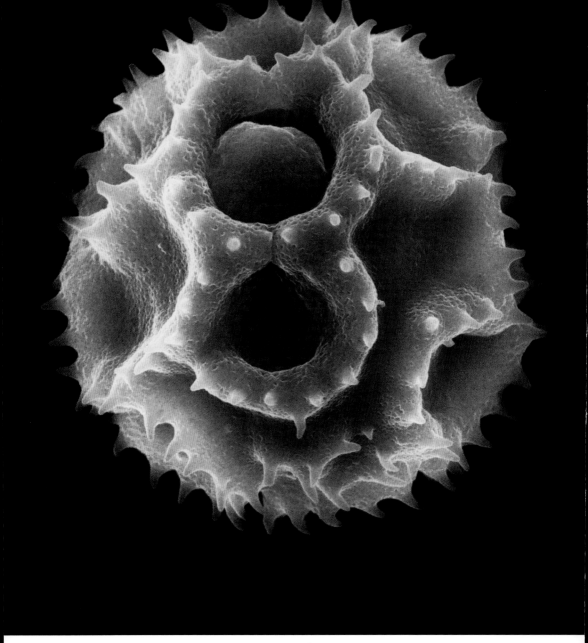

一颗被放大了2000倍的山柳兰（学名为Hieracium pilosella）花粉粒。这样的天然纳米结构已被用于了为制造像二氧化钛这样的材料提供模板，而与此相关的蒲公英，其形似富勒烯的花粉粒会产生一种像雪花一样的组态

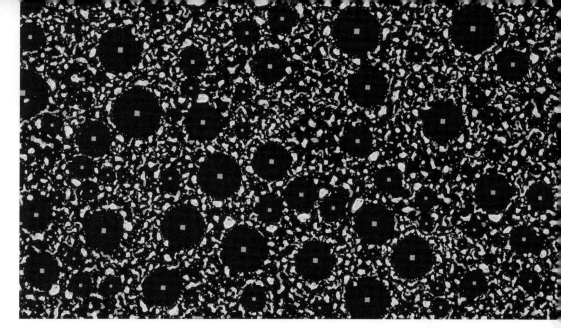

　　氧化硅上的熔金会产生一个个以一个完美的方块为中心的纳米"麦田怪圈"。在劳伦斯伯克利国家实验室制造出了这些出人意料的图形的研究者认为，它们"也许能为纳米材料工程和加工提供新的途径"

　　这篇得奖论文的标题是"从龙舌兰酒中生长出来的金刚石薄膜"。为什么是龙舌兰酒呢？这项技术需要一种含有碳化合物——例如丙酮或乙醇——的蒸汽的沉积物，而研究显示，金刚石薄膜只有在碳氢氧达到了正确比例的情况下才会形成。龙舌兰酒基本就是乙醇和水（酒精含量为38%～43%），而事实证明，用蓝色龙舌兰（学名为Agave tequilana）汁酿造的奥伦代恩牌白色龙舌兰酒中的碳氢氧比例，恰好适合金刚石晶体的形成。

　　当然，同富勒烯和石墨烯一样，金刚石只是碳元素的另一种形式。金刚石具有一些强大的特性，尤其是高硬度、高热导率和高透明度，以及不存在的化学反应性。可靠的生产技术将让金刚石薄膜具有多重用途，尤其是在高温电子技术当中。如果事实证明这项"墨西哥技术"是获取这类材料的一种途径，那我们就可以期待看到像"又是一次龙舌兰日出"这样的新闻标题了（向老鹰乐队致歉）①。

　　找到隐藏在食物和饮料中的技术宝石，似乎可以说是一个正在发展的领域。如果说赫斯顿·布卢门撒尔把科学带到了厨房中，那一些研究者似乎正在试着对此予以回敬。我们在第5章中讨论了量子点光学纳米结构，而碳点是量子点的类似物。它们通常是由其他碳纳米结构——例如碳纳米管或石墨烯——所制成的，但中国的一个研究小组只用蛋黄和蛋

---

① "又是一次龙舌兰日出"是老鹰乐队演唱的"**Tequila Sunrise**"中的歌词。在这首歌中，龙舌兰日出是一个双关语，既指喝了一夜龙舌兰酒后的日出，又指龙舌兰日出鸡尾酒（老鹰乐队成员唐·亨利的解释），但很明显，龙舌兰日出在这里指的是酒。——译者注

一片位于墨西哥特基拉镇的龙舌兰田。虽然听起来不大可能，但用蓝色龙舌兰酿造的龙舌兰酒，确实是金刚石薄膜制造的成功起点。龙舌兰酒具有恰好能制造出高质量片状金刚石的碳氢比率

白就制造出了碳点，其优点当然是这些原料——正像取自木头中的纳米纤维素（见第4章）一样——是非常廉价和丰富的。

在这项工艺中，蛋白和蛋黄中的蛋白质会被一台等离子发生器热解成会在紫外光下发出蓝色荧光的细小的碳颗粒。这些碳点可被用于喷绘在紫外线的照射下会显现出来的图形。现在看来，有用的高科技材料似乎一直都在研究者的眼皮底下，甚至就在厨房里，却从来没被注意到。

代表着游戏性纳米技术巅峰的，可能是理查德·扎雷和他在斯坦福大学的中国合作者一起意外发现的纳米花。催化剂是能够加速化学反应的无机矿物质，而酶是催化剂的有机对应物——能加速细胞化学反应的特殊蛋白质。如果催化过程有非常高的比表面积，那催化剂就能发挥出最佳性价，而且有一些无机催化剂具有像花一样的形态。理查德·杰尔在斯坦福大学的实验室一直在围绕这两个领域开展研究，并在2012年意外地发现当两种实验室常用物质——硫酸铜和一种磷酸盐缓冲剂中的牛血清白蛋白——相混合时，它们会产生美丽的蛋白质－无机杂化纳米花。他们当时正在对先前的一些研究进行拓展。在这些研究中，他们通过缀合牛血清白蛋白和聚甲基丙烯酸甲酯这种聚合物，创造出了纯有机纳米颗粒。这种杂化纳米晶体是由膦酸铜所构成的，而晶体生长的晶核形成则是由蛋白质所引导的。

想想我们在前文中所讨论的，那些有小刻面的结构，多花瓣形的结构，以及类似玫瑰

　　理查德·扎雷的杂化纳米花最初是在一种有机物（牛血清白蛋白）和一种无机物（硫酸铜）被意外地混合在了一起的情况下被制造出来的

的结构，其实没什么好叫人大惊小怪的，因为它们再次展示了蛋白质引导矿物晶体生长为截然不同的形状和图形的能力，而大自然正是以这种方式制造出了放射虫和球石粒的惊人形状，以及其他的雕刻形态。很多人都会想起在学校化学课上做的硫酸铜结晶实验。从具有典型的几何图形的晶体到花的转化，看起来就像变魔术一样，但这正是相混合的无机物和有机物能够做到的。杰尔的研究小组发现当有机组分是一种酶时，它们会在纳米花的形态——很可能具有催化剂和传感器的用途——中表现出更强的稳定性和活性，但它们现在的妙处在于会从简单的非结构化成分中创造出一种具有固有美感的形态——花，而这正是科学对艺术最大的贡献之一。

这幅假色扫描电子显微图像，展示了一种具有复杂的纳米－微结构的聚苯胺"花"，而这种"花"是从处于一种微结构聚合物基底上的溶液中生长出来的。这幅名为"在一种微结构景观上盛开的聚苯胺'花蕾和花朵'"的图像，是艾森伯格实验室在2012年美国材料研究学会春季会议上为"作为艺术的科学"竞赛提交的参赛作品

第 9 章　准晶体

不可能存在的晶体

——保罗·斯坦哈特教授

数学的一个宝库

——尼古拉斯·德布鲁因

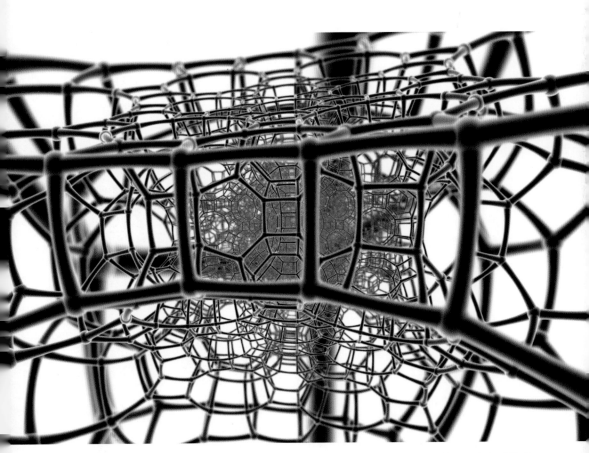

这种会让人联想到一种具有肥皂泡图形的铁丝架结构，是一种被称为凯莱图的纯数学构造。这些模型确实存在于一种被称为超球面的球面空间里，所以它们在我们的平面空间里看起来是弯曲的

1982年，结晶学研究者丹尼尔·谢赫特曼在约翰·霍普金斯大学学术休假期间，观察到了某种非同寻常的现象，或者说某种动摇了结晶学学科基础的现象。他当时在制作铝锰合金，并通过X射线结晶学来检验这种合金结构中的原子组态。这包括用一束单波长X射线来照射铝锰合金样本，以观察当射线碰到晶体中有序的原子阵列，并从晶体结构上反射回来形成散射时被创造出来的图形。

在那之前，人们一直认为所有的晶体都会展示出"周期性"，换言之，人们认为晶体和地砖、墙纸或织物设计一样具有重复的图形，所以可以通过观察一个小样本来预测整体图形。周期性图形是对称的，而且存在取决于你能如何旋转图形的不同的对称级：一阶、二阶、三阶、四阶、五阶或六阶对称，而繁复的五阶对称曾被认为是不可能的。

谢赫特曼发现了"准周期"晶体，换言之，这些晶体具有一种图形，但这种图形并不会重复地显示出任何以前可被预测出来的结构，而这就是问题的开端。这些非周期性结构显示出了基于无法构成一种镶嵌图形（镶嵌在一起）的五角形的五重对称性。对于一门具有一种已得到确立和证实的晶体观念的学科来说，这种结果太反常了。谢赫特曼对这种反常现象的寻根问底的决心，让很多资历比他老的同事尴尬不已。当尴尬变成了挫败感，而挫败感又变成了愤怒后，他最终被逐出了他的研究小组。

谢赫特曼教授起初是在以色列理工学院研究机械工程学的，之后转向了材料工程学，最后才开始专攻结晶学。在他研究生涯的每个阶段，他对问题的探究都会变得更为深入，而且会更为亲历亲为地来细致地观察界定了物质特性的深层结构。

1年多后，在少数来自于其他机构的同事的帮助下，他发表了一篇造成了学界多年对立的论文。反对派的代表人物之一，是诺贝尔奖二次得主和时任美国化学会会长的莱纳斯·鲍林。他坚持认为，"没有准晶体这样的东西，只有'准科学家'。"作为昔日的实验先锋，鲍林当时已成了一名正统观念的支持者，以至于他在自己人生中最后的10年里，完全无法接受这个新观念。

这是科学观念发展模式的一部分，向新认识的进步往往会涉及对公认观点的重组。这就是托马斯·库恩在《科学革命的结构》[①]一书中提出的著名的"范式转移"概念。最终，随着其他人发现自己可以复现谢赫特曼的实验结果，舆论的趋势发生了

合金中准晶体的发现者丹尼尔·谢赫特曼在1985年向同事展示一种分子结构

① *The Structure of Scientific Revolutions.*

150

一种铝钯锰准晶体表面的原子模型。虽然这种图形是有序的，但并不是重复的

一种二十面体的钬镁锌准晶体的电子衍射图形。如果你去数每一环上的原子数量，那你便会发现始终都是10个原子，而这意味着这种图形具有五重对称性

转变，同时对准晶体的认识也得到了确立，然而直到2011年，谢赫特曼才被授予了诺贝尔化学奖。

这同克罗托和斯莫利在1985年对富勒烯的发现——其中C_{60}（一种截角二十面体）的几何图形早在20世纪50年代就由巴克敏斯特·富勒根据约翰尼斯·开普勒（1571—1632）和莱昂哈德·欧拉（1707—1783）的几何图形所给出了——一样，都是在物质世界中对一种现象的发现早已在艺术家和数学家的工作中得到了预示。富勒曾认为自己使用的是一种新的几何形状，一种最接近于以平面排列出一个完美球体的形状，可实际上，这种几何形状一直都是碳的基本组成部分之一，所以说，我们只是没有看向正确的地方，或者没有看得足够的细致。

数学常常扮演着科学探索先遣队的角色，不断为我们揭示着界定了大自然最深层结构的机制，而罗杰·彭罗斯在不久前就用准晶体界定了五重对称图形。1974年，通过对开普勒和王浩（1921—1995）的研究予以完善，他系统地阐述了"彭罗斯镶嵌"[①]（三种用几种同五角形相关的简单的瓷砖形状来生成非周期性图形的方式）的原理。

彭罗斯研究成果的迷人之美，让人们重新审视起了在阿拉伯几何图形中更早的先例。来自哈佛大学物理系的路洪教授，在以前的导师保罗·斯坦哈特和同事，哈佛大学伊斯兰艺术和建筑专业的阿迦汗教授古尔鲁·内奇波格鲁的帮助下，完成了一些开拓性的研究。在他广泛的游历中，路洪在伊朗伊斯法罕的达布－伊玛目圣殿中偶然发现了一个很好的范例——圣殿中的拱肩饰有一种不显眼的风筝和飞镖的基础图形。随着这种图形向无穷远延伸，飞镖和风筝的比率接近于黄金分割比，即phi（1.61803398……），一种在大自然中常见的关系。

然而更令人惊讶的是，这些图形的非周期性正是根植于我们在第2章中看到的斐波那

---

① 即Penrose Tiling，亦可被译为彭罗斯瓷砖。——译者注

达布–伊玛目圣殿锦砖的放大部分显示出了它们的五重对称性

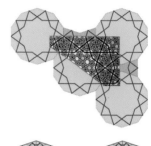

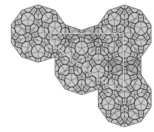

镶嵌的上部被叠加在了底层更大的五重图形上，而下部则是构成了镶嵌的"Girih"瓷砖

路洪站在他在位于伊斯法罕的达布–伊玛目圣殿注意到的准周期性锦砖下面

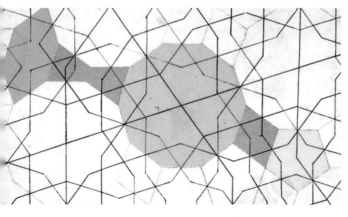

五种"Girih"砖形能够组成所有的五重图形

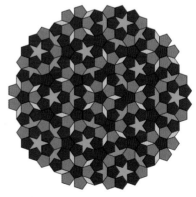

彭罗斯五边形镶嵌（P1）对应的瓷砖形状为五角形、星形、船形和菱形

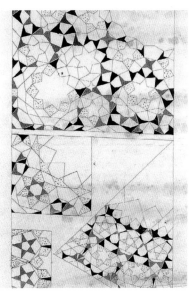

15世纪末的《多普卡帕卷轴》上绘有六重和四重对称图案

在《多普卡帕卷轴》上绘制的图案中，一些五角星形是这些图案的组成部分

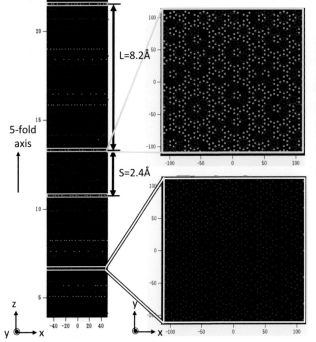

镉镱准晶体的一幅电子显微图像

一块较大的镉（红点和蓝点）镱（绿点）准晶体的两张剖面图（黄色切面和黑色切面）。切面能够展示处于不同层级上的不同图形，而这些图形的重复率和黄金分割比例是一致的

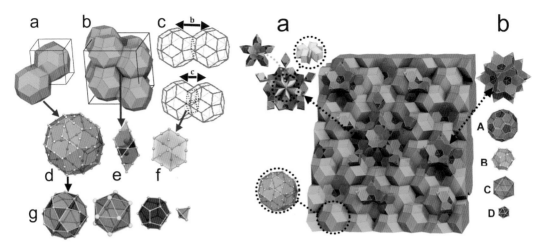

通过连接和连锁来构成一种镉
镱准晶体的大晶体组分的图解

镉镱准晶体的一片切片展示了晶体组分是
通过连接和连锁来构成波状图案层的

契数列（phi的生成器）的。

在查阅了收藏于伊斯坦布尔多普卡帕宫的《多普卡帕卷轴》—— 一本重要的伊斯兰图
形卷轴——之后，路洪和内奇波格鲁发现中世纪的伊斯兰艺术家并不是用圆规和尺子推测
出这些图形的，而是以一种近似于彭罗斯创造瓷砖图形的方式推测出来的。这些伊斯兰图
形被称为"Girih"（在波斯语中意为花结）瓷砖。

因此彭罗斯发现新的数学领域，只是为了寻找早在5个世纪前便已进入过那个领域的
阿拉伯建筑师，正如如今因在500年前发现了北美洲这一殊荣而被铭刻在一片大陆上和一
个时代中的欧洲人的名字，是雷夫·埃里克森，而不是哥伦布。

那准晶体究竟有何特别之处呢？它们像是金属的混合物——合金，但并不像诸如黄铜、
青铜、钢或不锈钢之类由金属非定形地混合而成的常见材料，准晶体的组分是以错综复杂
的关系连锁在一起的。混合金属可以制造出在强度、延展性和抗腐蚀性上比任何一种作为
组分的金属都要高的合金，而准晶体的特性更是如此。从表面上来看，准晶体的结构很美
观，也很复杂，但你越往内部看，潜在的数学关系就越叫人吃惊。晶体中的原子通常是像
板条箱中的橙子一样被装起来的，可准晶体的原子会构成呈几何图形的笼子，而且这些笼
子会像俄罗斯套娃一样被塞在一起，但这时情况会变得更为复杂，因为这些成层的笼子并
不是边对边地被塞在一起，而是相互连锁起来的，看起来就像是三维锁子甲。

准晶体的样本可以用像"电子芝士切丝器"这样的办法被切割成薄片，而这些薄片在
被抛光后便会展现出两重、三重、四重、五重或更多重的对称性（取决于你如何来切割它
们），而且每一层上的结构图形都是不同的，然而令人惊讶的是，准晶体的图形重复率和

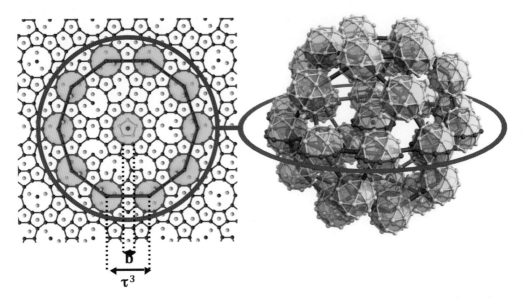

在这个镉镱晶体中，大的黄色三十二面体晶体排列成了一种较大的多面体结构（以红线标注）。左侧的切面图展示了准晶体的非重复图形

黄金分割比率是一致的，因此，尽管从某种意义上来说，准晶体的图形是非周期性的，但从整体上来看，准晶体具有由数学所安排的长程有序性，而这完全是自组的结果。

这些结构不仅是优美的，因为这些结构的图形会赋予材料以特性。化学反应会发生在一种材料的曝露面上，而这正是表面科学得以发展的原因所在。这门一半是化学，一半是物理学的学科，研究的是真空、固相、液相和气相的临界区域。纳米尺度最为关键的特点之一就是存在更多的表面，更大的挥发性，以及表面上可被施加催化作用的更大的范围。

想一想面粉颗粒或锯屑末要如何悬浮在空气中才会具有导致爆炸的易燃性。当你把一根点燃的火柴放在一勺面粉上时，通常并不会发生什么，但当你把这勺面粉放在一个油漆罐里，然后用力地晃动这个油漆罐，最后引燃里面的面粉后，油漆罐的盖子会砰的一声被炸飞，因为这样能使每个面粉颗粒都同氧气达成燃烧所需的充分接触。

准晶体由铝、铜、铁和硼（或铬）（$Al_{59}Cu_{25.5}Fe_{12.4}B_3$ 和 $Al_{71}Cu_{9.7}Fe_{8.6}Cr_{10.6}$）所构成的表面特性，可以让它们具有作为甲醇制氢的催化剂的用途。这两种晶体的热稳定性可以让催化反应在常温下发生，而这可以降低甲醇制氢的成本。

正如我们在第6章中所看到的，氢燃料储存仍旧是一个问题，而准晶体的泡沫状结构可以让氢被储存在它们的空隙里。氢喜欢占据四面体空间，而这种空间正是大量存在于准晶体当中的。来自于日本芝浦工业大学和华盛顿大学的科学家成功地用一种钛锆镍准晶体吸收了氢（每个金属原子能吸收两个氢原子）。尽管这项研究尚无法在不加热的情况下将氢提取出来，但比起目前被用于混合动力汽车中的镧镍电池，这种方法能将氢的吸收量提

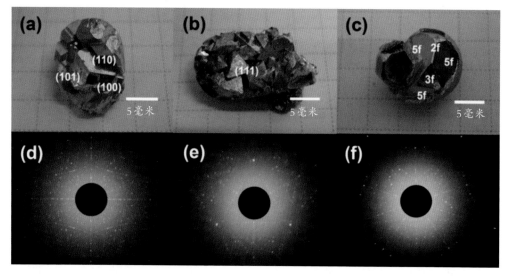

一块于2004年在一份博物馆样本中被辨别出来的天然矿物准晶体，而这份样本是1979年在西伯利亚被采集到的。下方的电子衍射图展示了取决于切割方向的不同的对称级

高一倍。

在过去7年里，赫姆·拉杰·沙玛博士和罗南·麦格拉斯教授在利物浦大学表面科学研究中心的研究小组，一直在对一系列的准晶体进行测试。目前，他们正在用一种气相沉积法来将像铅或铜这样的金属原子逐层地蒸发到准晶体的表面。第一批原子会显现出最强结合位点的图形，而当这些结合位点被用尽了时，第二波原子便会以附着在未被占用的次强结合位点上的方式来增强这一图形，直至形成一层"假晶"薄膜。假晶现象通常是指一种矿物表现为另一种矿物的形式，而这里指的是一种准晶体表现为另一种准晶体的形式。金属原子还能把烃棒固定在基质上，以形成一种图形化的表面。

他们的目标是用单一的元素制作出人造准晶体。目前，大量的准晶体都是由两种或更多的元素以精准的配比（理想的配比）所形成的。在理想的配比反应中，每一个原子都会找到一个化合对象，不会出现浪费，但设置和进行理想的配比反应不仅昂贵，而且耗时。

然而很多人认为准晶体并不是一种稳定的物质状态，而且天然的准晶体是永远都找不到的，但普林斯顿大学的物理学教授保罗·斯坦哈特正着手于寻找大自然中的准晶体。在多年的一无所获后，佛罗伦萨大学地球科学系的卢卡·布林迪，于2006年在佛罗伦萨自然历史博物馆里发现了一份27年前在西伯利亚被采集到的陨石样本。这份样本被证明含有一种氧化铝铜铁准晶体，而这种准晶体和一种具有二十面体对称性的合成准晶体是完全相同的。作为一种新的天然矿物，它在2011年被命名为了icosahedrite[①]。

---

① 意为二十面体石。——译者注

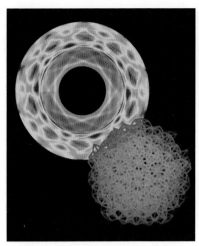

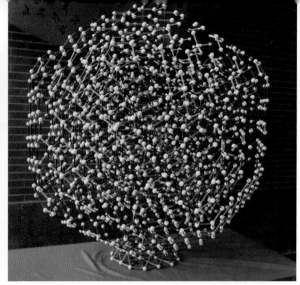

保罗·斯坦哈特在聚合物中3D打印出来的准结晶结构之一（后方是其波的等值线图）。周期性的结晶结构会让波较为自由地穿过它们，而一个准晶体的非周期性会对波造成阻拦

一颗"碳洋葱"。之所以这么叫，是因为它像是一个多层碳富勒烯。这种由几何学家唐纳德·考克斯特从理论层面上建立起来的结构，直到他过世的几年后才被组装出来

2011年7月，俄罗斯、美国和意大利的一个联合研究小组——包括西伯利亚样本最初的发现者V.V.克里亚科——在西伯利亚样本的发现地发现了更多的样本，并且发现它们确实含有二十面体。这些样本的历史长达45亿年之久，差不多是同地球一起形成的，而人们仍在调查它们令人困惑的成分。它们显然是在太空中的极端环境下形成的，而这确实表明，当处于这样的环境中时，准晶体是一种稳定的物质状态。

准晶体本质上极为坚硬，比任何一种组成它们的金属都要坚硬，而这是由它们结构的连锁性所决定。它们的传导性也很低，因为波能很难贯穿一个不具有重复性的迷宫。让波能的频率与一种具有规则性的结晶结构的共振频率相匹配，能更容易地在一种物质中加速电子的迁移或热能的辐射，然而，如果一种结构是非周期性的，那能量的波长便无法同这种结构同步，而且能量所形成的力很快便会被耗散掉。这和海防防浪块通过吸收巨大的波能来保护海岸的方式是相似的。坚硬、低摩擦和绝缘的特性共同赋予了准晶体以在高性能环境——例如用于涡轮叶片的热障涂层——中的适用性。准晶体合金对回火有着极为良好的反应，能将自身的强度提高到800兆帕（每平方800万牛顿）的程度。只要物质的温度不升高到500℃以上，那准晶体合金便可以持续硬化1000小时。这可是异乎寻常的，作为参考，弹簧钢通常会在被回火超过4小时后开始软化。准晶体目前已在牙科钻孔器和手术器械中得到了应用。作为非常柔韧的刀片或针头，它们非常的坚固和耐用，而且能够轻易地承受住杀菌所需的持续加热。

准晶体的自束性让它们不具备特氟龙那样的黏性，尽管覆盖有准晶体层的平底锅不会

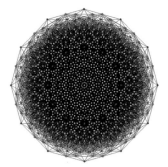

唐纳德·考克斯特在他的结构中用几何学规则囊括了无限的空间和双曲线几何图形

唐纳德·考克斯特尝试描绘多维空间中被编码了的抽象几何结构的"卡利图"

唐纳德·考克斯特被几何爱好者称为"无限空间之王"。这个称谓源于《哈姆雷特》中的一句名言："我可以被限制在一个果壳中，并认为自己是一个无限空间之王……"

像特氟龙平底锅那样很容易被金属炊具刮掉涂层。如果你拿一把刀去划准晶体平底锅，你也许会在平底锅上留下一道痕迹，但这道痕迹将是从刀刃上刮擦下来的一部分，因为结晶表面比刀刃更硬。似乎越是在要求苛刻的机械工程环境——以无润滑油轴承和活塞为形式——中，准晶体的特性就越能得到彰显。

理解准晶体的组态，可以让准结晶结构在自组胶质中被生成出来。通过巧妙地用激光来形成一种多光束（5束、6束或7束）干涉图形，一种胶质单分子层可以从一种周期性结构被转换成一种非周期性结构。在一项类似于光镊的技术中，颗粒会被移动到激光强度最高的区域中，而光镊是被一种显微镜物镜集中到一片狭长的束腰区域里的激光束。"光束腰"具有一个强度更高的电场，而这个电场能够吸附纳米颗粒，无论是微小的分子，还是活细菌，甚至连DNA链都能以这种方式被捕获、处理和研究。

准晶体具有作为太阳能选择性吸收器的潜力。这种吸收器会展示出一种吸收太阳能辐射并将之转换为热力的温室效应。在第5章中，我们看到了光子晶体具有能捕获光的一些波长，同时又允许其他的波长从中穿过的特性，然而光的方向是至关重要的，进入方向也许能决定一种特定的波长是会被光子晶体捕获，还是会穿过光子晶体。二十面体对称（20重对称）是可能存在的最接近于球面的对称系统，而具有二十面体结构的准结晶构造能从各个方向上捕获光。

以这一原理作为出发点，不过是在一个更大的尺度上，保罗·斯坦哈特在普林斯顿大学的研究小组一直在用3D打印机在聚合物中制作准结晶结构。他们最初的目的并不是想用这种结构来捕获光，而是想用它来捕获波长较长的微波。在原理得到证实后，他们将这种结构进一步地缩小到了纳米尺度上，以制作能够捕获及处理较小光波的光子晶体。

因此准晶体具有高耐热性、高电阻性，以及不同于其他物质的不透明性。想一想要是使准晶体和另一种神奇的材料——石墨烯——在功能上层合，它们能形成多么强力的组合。两者都极为坚固：一种是超导体，而另一种是电阻器和绝缘体；一种是如此的透明，而另一种是如此的不透明。想象一下它们相得益彰地工作会是什么样的。虽然这尚未实现，但这类奇妙的组合恰恰是正不断从纳米科学中涌现出来的。

很多新的纳米材料都具有非同寻常的特性。就数学这门"应用"分科而言，准晶体正在让纯粹的数学家欣喜不已，正如荷兰数学家尼古拉斯·德布鲁因指出准晶体是"数学的宝库"。准晶体正为数学家提供着大量先前只存在于理论层面上的复杂几何结构的实例。

被西沃恩·罗伯茨在他的著作《无限空间之王》[1]中称为"几何学拯救者"的几何学家唐纳德·考克斯特（1907—2003），曾对多胞形——具有平面边界，而且通常能包容高度复杂的几何对象，对巴克敏斯特·富勒构想他的呈网格球顶式的结构产生过巨大的影响——进行过广泛的调查。对这些多胞形的细致阐述正持续地发展成理论上存在的令人难以置信的额外维度。我们在这里还应提到被称为"多胞形公主"的数学家艾丽西娅·布尔·斯托特（1860—1940）。作为逻辑学家乔治·布尔（布尔代数的提出者）的女儿，她对四维几何有着非凡的理解，而"多胞形"这个词正是由她提出的。在18岁的时候，她便为6种正则多胞形制定出了网状结构，而且制作出了它们的纸板模型。在晚年时，她曾和年轻的唐纳德·考克斯特一起工作过。1900年，著名的德国数学家大卫·希尔伯特在巴黎国际数学家大会上提出了影响深远的"23个问题"。在20世纪的岁月里，这些问题有很多都得到了解答（有一些的答案存在争议），还有一些始终未得到解决。第18个问题涉及多面体和球体填充中的三维镶嵌。虽然这个问题得到了部分解决，但在克雷数学研究所在2000年为纪念希尔伯特的23个问题而起草的千禧年大奖难题中仍被认为是"有待解决的"。

你或许会认为这种数学沉思的趣味性要大于实用性，但美国军方认为这种数学沉思是非常重要的。2007年，美国国防高级研究计划局（DARPA[2]）发布了23项数学挑战，其目的是"极大地变革数学，并以此来增强国防部的科学和技术能力"。在"光学纳米结构"的领域中，美国国防高级研究计划局的第11个问题类似于希尔伯特的第18个问题，其目标在于"为以简单的局部规则并通过纳米尺度的自组过程来构建全局对称结构而发展新的数学"。纳米科学将以很多出人意料的方式来塑造我们的未来。

镶嵌研究同样受到了准晶体的推动。你可以在比勒菲尔德大学的"镶嵌大全"（tilings.math.uni-bielefeld.de）上看到很多由镶嵌研究发展出来的美妙产物。有关准晶体的故事还远不会结束。

---

① *King of Infinite Space.*
② 即 Defense Advanced Research Projects Agency。——译者注

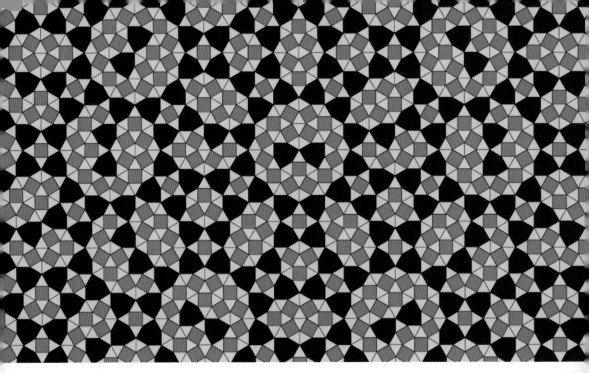

比勒菲尔德大学的弗朗茨·加勒使用的盾形、方形和三角形的瓷砖，遵循尼古拉斯·德布鲁因的技法为一种十二边准晶体开发出了理论图形

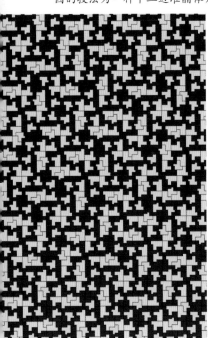

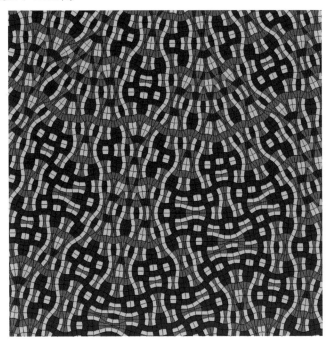

罗伯特·安曼在1977年发现的多套非重复原瓷砖中的一种

准晶体遇到新艺术派？这种由L.丹泽尔和D.弗雷特禄设计的梯形镶嵌的蜿蜒曲线展现出来的11重对称，制造出了一种几乎是有机的外观

第10章 靠近，触摸电线，让火花飞溅

> 万事万物皆是艺术，只是你不明白；
>
> 一切意外皆是注定，只是你未领会；
>
> 万般不和皆是和谐，只是你不理解；
>
> 所有局部的恶，都是寰宇的善。
>
> ——亚历山大·蒲柏，《人论》

哈勃深场是哈勃望远镜拍摄下来的大熊星座的局部影像，这片区域的面积约占全天空面积的百万分之二十四。整张影像是由连续10天的342次曝光叠加而成的

浪漫主义诗人为科学和艺术的结合开了一个好头，虽然他们很快便为此产生了不安。事实上，在18世纪末和19世纪初的这段时间里，艺术和科学进入了一段罕见的友好时期，其起点是欧洲启蒙运动。在英国，最能彰显这种友好关系的，是1765年在伯明翰成立的月光社，一家每逢满月成员都会聚餐的餐饮俱乐部。月光社的领导人是查尔斯·达尔文的祖父，内科医生伊拉兹马斯·达尔文。伊拉兹马斯还是一位充满革命激情的先锋派诗人。在月光社的岁月里，他同另一位伟大的博学者——本杰明·富兰克林——建立了长达一生的友谊。月光社的其他成员还包括企业家马修·博尔顿、使蒸汽动力得到了实际应用的工程师詹姆斯·瓦特、发现了氧气的激进的博学者和集大成者约瑟夫·普里斯特利，以及富有创新精神的陶艺家和社会改革家约西亚·威治伍德。月光社"从未"消逝在历史的烟云里[①]，如今任何人都能加入月光社，并在月光社的网站（www.lunarsociety.org.uk）上就艺术和科学畅所欲言。

这种精神在英国浪漫主义诗人中延续了几年的时间，特别是在萨穆埃尔·泰勒·柯勒律治和汉弗莱·戴维的友谊中得到了体现。柯勒律治是一个痴迷于化学的诗人，而戴维是一位诗还写得不错的伟大的化学家。沃兹沃斯对未来抱有的谨慎希望其实是很多人所共有的。

一种已实现了"把感知带入科学研究的对象当中"的方法，是把工具发展到能窥见被大自然隐藏起来的微观和纳观维度。在安东尼·列文虎克于17世纪60年代制作出他的第一台显微镜之前，人的肉眼只能看到比一根头发丝的尖端稍小一些的东西。自显微镜出现以后，我们对世界的观念和我们在大自然中的地位都从根本上得到了调整。池水被证明含有一群群奇异的生物，而流淌在我们血管中的血液在我们的认识中从一种红色的液体成了一种含有血球、淋巴球、单核白血球、巨噬细胞和血小板的复杂的胶质混合物。视觉水平的提升既帮我们解开了一些谜题，又进一步地扩大了未知事物的领域。此外，随着我们看到了300倍小的世界，我们对自身的认识也被扩大了300倍。

如果科学人的劳作终将对我们的存在方式，以及存在通常给我们留下的印象造成所有直接或间接的重大变革，那诗人便不会再这样昏睡。他不仅会急切在那些普遍的间接影响中去追随科学人的脚步，而且会从他的立场上把感知带入科学研究的对象当中。化学家、植物学家或矿物学家最为罕见的发现，将同任何可为诗艺所用的对象一样适用于诗歌……如果现在为人熟知的所谓的科学终有一天会如同披上了血肉一般，那诗人便会把他神圣的心灵注入这副躯体当中，并像对待人类家庭中真正而可爱的一员一样来迎接这个由此而生的生命。

——威廉·沃兹沃斯，《抒情歌谣集》（1802年第2版）序言（节选）

---

① 真正意义上的月光社其实早在1813年就退出历史舞台了，和现在的月光社（这里指伯明翰大学的月光社，而不是意大利或澳大利亚的"月光社"）并不是一脉相承的。——译者注

《月球上的地出》。我们在1968年第一次看到了地球这颗脆弱的行星具有的旋动之美，而这改变了我们的自我概念

我们的显微镜和望远镜早已不再需要微小的可见光光谱了。我们已经能通过X射线显微镜和微波望远镜来感知接近于无限小和无限远的世界了。

正如往里看让我们变得更大了，往外看也让我们变得更小了。1968年，在阿波罗8号完成了绕月运行之后，世人第一次看到了处在一个全新背景当中的地球。在《月球上的地出》①中，地球就如同一个精致而渺小的实体。我们看到了地球天气系统的旋动之美，我们看到了一个没有政治边界的世界。正如尼尔·德格拉塞·泰森所说的："我们去了月球，发现了地球。"我们对自我和我们身在何处的意识被永远地改变。自从我们看到了一个化零为整的世界之后，我们昔日狭隘的目光便一去不返了。

科学让我们变得无比巨大，又让我们变得极其渺小，这让我们冥思的主题不断地激增。在科学和艺术良性互动的沿革中，沃兹沃斯的预言在某种程度上已被实现了，尤其是在视觉艺术中。装在笔管中的油画颜料让印象派画家能更方便地去感受自然风景中不断变化着的光线。从1856年著名的冒酞（苯胺紫）到20世纪会自行发光的荧光、磷光和射线光颜料，这些新的合成染料和颜料丰富了艺术家在调色板上的选择。

随着摄影术在19世纪中期的到来，绘画不得不接受它记录视觉世界的这一主要作用开始逐渐被削弱的事实。为了维持自身作为一种文化力量的地位，绘画开启了迈向抽象的全新旅程。需求是发明之母，需求产生了印象派、点画派、野兽派、立体派、构成派、超现实派——一次持续了50年的现代画派的激增。在这些现代画派中，有一种视角源于亥姆霍兹和麦克斯韦的新科学光学指南，比如说乔治·修拉，他受到了麦克斯韦的色盘实验的影响，并在他的点画主义画作中试验了这些色盘实验的光学效应。

人们最早是在报纸上看到一片螺旋形星云的旋涡的，但最初的版本是在1844年画出来的，直到1888年才有了用新不列颠72英寸望远镜拍摄下来的图像版本，而1年后，梵高

① *Earthrise over the Moon.*

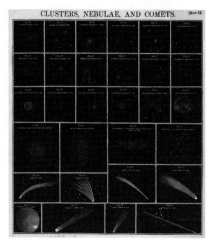

一张记录了星团、星云和彗星的亨廷顿图表。这些当时通过新不列颠72英寸望远镜拍摄下来的照片，被刊登在了1888年的报纸上

《星月夜》（1889）。1888年，梵高在报纸上看到的图像，激发了他在1年后创作出这幅传世之作的想象力

便创作出了具有独特的涡卷线状图案的《星月夜》。1888年，梵高在一封写给埃米尔·伯纳德的信中表示，他相信科学将回答之前一直由宗教所致力的问题，并总结说："在我看来，科学，尤其是科学推理，是一种前程远大的方法。"科学，不仅帮我们看见了原本看不见的东西，还激发了我们的想象力。

说回非常小的领域。19世纪70年代，物理学家J.J.汤姆森和威廉·克鲁克斯做出了一个推断——一股电流是一束比一个原子还要小的粒子。这些被汤姆森命名为"电子"的粒子最早的照片，是在C.T.R.威尔逊的云室中被拍摄下来的。当一个带电粒子通过时，水蒸气会被压缩成微小的水滴，而这会留下这个粒子移动路径的痕迹。瓦西里·康定斯基曾这样描述过这一发现是如何促使他从观念上转向纯抽象的："一个科学事件将最为重要的障碍之一从我的道路上扫除了。电子理论，也就是完全该取代物质的移动电的理论。"科学给予了他绘画能量，而非物体的许可。康定斯基曾在慕尼黑遇见过一位比他年轻的俄罗斯艺术家纳姆·加伯，而这一面之缘让当时在慕尼黑学习医学（后转为了工程学）的加伯开始制作起了受到空间数学公式和威廉·伦琴在大学里完成的X射线研究启发的抽象雕塑。1919年5月29日，爱因斯坦对光线会被太阳重力场弯曲的推测在一次日食观测中得到了证实。1年后，加伯和他的兄弟安托万·佩夫斯纳[①]发表了他们的"现实主义宣言"，概述了构成主义的原则。在这份宣言中，他们宣称："空间和时间今天在我们中重生了。空间和时间是生命唯一的构成形式，因此艺术应被构成。"新的主题需要新的材料。为了尽力去除自己作品的物质形态，加伯开始用最早的透明热塑性塑料——赛璐珞——展开了对复杂的三维空间构型的刻画。空间本身已然成了一种可控的雕塑材料。

—————————————

① 纳姆为了避免别人将他同安托万弄混，将自己的姓氏改成了加伯。——译者注

荧光矿物会在紫外线下发光。这种造成了一次颜料革命的现象，是于1852年在荧石中被首次观察到的

1928 年，在胡里奥·冈萨雷斯让毕加索第一次接触到了新的焊接工艺之后，他们俩人把雕塑语言发展成了自由空间即兴创作的语言，所以 20 世纪早期见证了雕塑语言的进化：从一种缩减（雕刻）、塑造（塑像）和复制（铸造）的语言到一种空间构造的语言。从这以后，雕塑艺术便发生了翻天覆地的变化。

近些年来，正如绘画和摄影的对抗一样，雕塑也迎来了具有同等意义的范式转移。在此之前，使用来自于 18 世纪的加托或培根的点测机，是复制或放大不可浇铸物体的唯一办法，但随着 3D 扫描仪和快速成型机能够复制越来越多媒介中的形，雕塑艺术古老而又重要的一部分正在变得多余，所以它必须像绘画一样得到相应的重新聚焦。

天体物理学家、科学传播者和纽约海登天文馆馆长尼尔·德格拉塞·泰森

有趣的是，李·克罗宁在格拉斯哥大学的研究小组正在利用快速成型来创造可被下载的化学物质。他问道："我们可以制造出一种非常酷的通用化学装置吗？可以'程序化'化学物质吗？可以在家里用一台'克罗宁化学计算机'打印出自己的药物吗？"

雕塑艺术的另一巨变是纳入了运动，而运动恰恰是处于纳米尺度上以原子为形式的物质的固有特性之一。纳姆·加伯是这一巨变的发起者。他把一个震动马达装在了一个垂规上，并以此创作出了《驻波》[1]（1920）。时间和空间被连成了一个线形二维物体，由体三维显示技术得以呈现。很多人都成了加伯的追随者，尤其是创作出了可无限变化的《动态作品》[2]的亚历山大·考尔德，《自动破坏机器》[3]的创作者让·廷格里，以及像康拉德·肖克罗

[1] Standing Wave.
[2] Mobiles.
[3] Auto Destructive Machines.

在纳姆·加伯的《空间中的构造》(*Construction in Space*)(1937)中，空间被当作了一种雕塑实体。加伯在这件作品中开创性地使用了一种透明的塑料——醋酸纤维素

斯（代表作为《神经系统》[1]和《永恒之光》[2]）这样的当代艺术家。

纳米世界的分子组分共同构成结构——甚至是功能物体——的魔法，对艺术来说应该是同其他的主题一样合理的。就纳米科学而言，其主题是自相矛盾的，一方面，这一主题是"不可见"的，而另一方面，不可见又让这门学科面临的挑战变得更加的迷人：描绘我们刚开始了解，但在传统意义上永远都看不到的东西。

在弗朗西斯·埃利斯的录像作品《卫兵》中，这名孤独的近卫兵（下图）之后通过成为一种在伦敦街头不祥而有节奏的存在（上图）的一部分而达到了临界质量

　　我不能肯定弗朗西斯·埃利斯创作时的想法是什么，但他的作品《卫兵》[3]（2005）确实和晶体生长非常相似。一名孤零零的卫兵穿着鲜艳的制服在空荡荡的伦敦街头行进，他孤独和虚弱的样子，就像是一个被人遗弃了的玩具士兵，可这有何意味呢？当他和另一名从一条辅路上走过来的卫兵相汇合，然后一起迈着整齐的步伐行进时，他们原本没有节奏的踏步达成了同步。在这之后，这对卫兵又和另一对卫兵汇合在了一起……就这样，一对卫兵成了4个卫兵，4个卫兵成了8个卫兵，8个卫兵成了一队卫兵，直至"结晶"成一个排，"硬化"成一个营，暗示着一个旅。单独的呱嗒声先成了整齐的踏步声，又成了击鼓声，最后成了枪炮的齐鸣声。单数凝聚成了强有力、紧密和不祥的复数—— 一支军队。

---

[1] *Nervous Systems.*
[2] *Lights Perpetual.*
[3] *The Guards.*

一种由几千只鸟所组成的在外形和特点上同任一组成部分都不同的超级有机体

托马斯·希瑟威克的 *Bleigießen*（《铅占卜》）是一个由被铁丝悬挂着的玻璃球所组成的巨大物体。其球形玻璃组件皆可以——正如他所说的——通过惠康基金会总部的"信箱（口）"，可现在却填满了惠康基金会总部30米高的中庭。这个物体的形状取自熔融金属被倒入水中的样子

尽管3D扫描已经在复制3D物体上取代了大部分的点测机，但点测机这项在18世纪得到了完善的技术如今仍有它的用武之地

这种汇聚——整体大于部分之和——已经在科学和艺术中成了一种至关重要的力量，而且这是建立在这两者无需意识到对方的基础之上的。当沙砾在沙丘上形成涟漪的图形时，当水冻结成雪花时，当鱼和鸟结群而行时，科学谈及的是"出现"。动物的例子被分类为了超级有机体。一只蜜蜂是蜂群的组成部分之一，它在离开了这个大规模的社会结构之后便会死亡。凯文·凯利认为万维网就是一种超级有机体，它的55万亿条链接和55×1018个晶体管，在数量上跟我们的神经元差不多。当然，我们的大脑要复杂得多，但它们已经进化了约700万年，而万维网的历史只有区区20多年。

分子自组和超级有机体的群集行为是形态强有力的创造者，而另一个创造者是由一名为美国陆军工作的气象学者所发现的，他提出的观点为数学开辟了一个新的领域，而这名气象学者就是爱德华·洛伦兹。他对天气系统的大量观察，使他对当时天气系统的线性统计模型产生了怀疑。1963年，他发表了一篇题为"确定性的非周期流"[①]的论文，而这篇论文为后来的混沌理论奠定了基础。他在研究中发现了奇怪吸引子的动态演化模式，而奇怪吸引

---

① *Deterministic Nonperiodic Flow.*

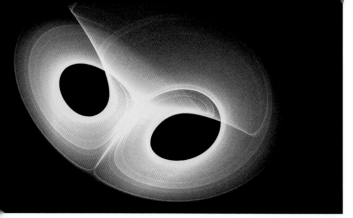

洛伦兹吸引子。气象学家爱德华·洛伦兹用会把结果反馈回计算中的公式对天气的基本特征进行了模拟，并由此发现细微的初始差别在多次循环后——尤其是在吸引子中心的位置来回转换后——会造成图形的巨大差异

一辆根据列奥纳多·达·芬奇的原稿制作出来的海龟坦克。这是达·芬奇众多预言性发明物中的一种

作为科幻小说长久以来的要素之一，射线枪是H.G.威尔斯在1898年虚构出来的。尼古拉·特斯拉在1937年对射线枪做了可行的构想。最接近于射线枪的真实存在，应该是电激光器，一种会沿着一条导电的激光诱导式等离子体通道发射电流的电击武器

子中的一种——洛伦兹吸引子——便是以他的名字命名的。虽然这些系统是确定性的，但很难被预测，因为小的差异可能很快便会导致天差地别的结果，而这正是文学中早就出现过的著名的"蝴蝶效应"。

艺术和文学对科学观点做出了正确预言，甚至起到了形成作用的例子是数不胜数的：达·芬奇的坦克、直升机和降落伞，儒勒·凡尔纳的载人月球火箭、水肺潜水和太阳帆，H.G.威尔斯的隐形和射线枪，卡雷尔·恰佩克的机器人，雨果·根斯巴克的雷达，阿道司·赫胥黎的体外受精，阿瑟·克拉克的卫星通信、iPad和虚拟现实，以及道格拉斯·亚当斯的触摸屏、智能手机、人机翻译、互联网和维基百科。

然而存在一条同特定的领域有关的"少有人走的路"。超然科学造就了超现实主义，也为马歇尔·杜尚的艺术作品提供了依据，而且所有艺术专业的学生都知道这产生了多大的影响：杜尚所谓的"视网膜艺术"的重新定位和概念艺术的到来。

阿尔弗雷德·雅里（1873—1907）对他那个时代的科学颇有了解，而且他的科学知识并非全是从他之前的老师亨利·柏格森那儿获得的。他非常熟悉詹姆斯·麦克斯韦、威廉·汤普森（开尔文勋爵）、亨利·庞加莱、威廉·克鲁克斯爵士和亚瑟·凯利的研究成果，而且精通非欧几里得几何学，即第四维，以及卢克莱修的"克里纳门"，也就是超然科学必不可少的主题之一——原子碰撞时产生的偏离。

正如罗杰·沙特克在当时新译的《超然科学家

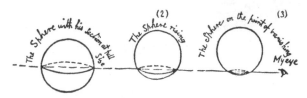

《平面国》的插图。在平面国中，人眼只能借助一个碟状截面变动的面积来感知一个球体的位置。现实世界中的平面国现在已经能在石墨烯这类材料中被探索了。

福斯特罗尔博士的功绩和主张》[①]（1965）中所指出的："雅里著作的英文版是在原子和空间革命（加上反物质和时间分裂的传闻）赋予了福斯特罗尔的神奇旅程以某种表面上的可信性的那一刻才出现的。"不久前希格斯玻色子的发现，似乎已经完成了量子理论向粒子物理学"标准模型"的超对称的"定形"（"定形"为的是让标准模型的各个部分相协调，虽然科学史表明这种完整性很可能只是暂时的），而超然科学同样以吉亚科莫·法耶拉的回文式世界地图的超对称性证明了自身的"定形"能力。

　　在平行发展的另一个范例中，超然科学假定如果我们的世界会制造出二维影子，那我们就可能是一个四维世界的三维影子。这为诸如多元宇宙和弦理论之类的观点提供了大量的思考空间。像雅里一样受到了亚瑟·卡利影响的，还有19世纪第四维讨论热潮的主要发起者之一——爱德温·艾博特。在他的短篇讽刺小说《平面国》中，艾博将描述一个二维世界的貌似合理性的故事作为一种潜移默化地让读者接受多维空间概念的方式。杜尚将这些理念综合成了"虚薄"（小到不可能）的概念，而我们现在有了一种理想的实例，也就是石墨烯这种二维晶体。

　　法国化学家马塞林·贝特洛对化学有着一种雕塑式的理解，而这种理解使他极大地推动了化学的发

马塞林·贝特洛（1827—1907）认为化学具有的一种使它不同于其他科学的独一无二的创造力：化学不仅力图理解宇宙中各种各样的现象，并且被置于了一个创造前所未见的东西的位置上，而纳米领域同样是一个创新源

吉亚科莫·法耶拉的回文式世界地图需要灵巧而刻意的定形来使两部分被整合在一起（地图中的白色部分和红色部分是一模一样的，而这正是"回文"的意思所在——译者注）。当需要用隐喻来解释波粒二象性和多维空间的复杂性时，"超然科学又将我们的理解范围扩展到了pataphore的领域之中"[Pataphore是由巴勃罗·洛佩兹所提出的不同寻常的延伸性隐喻。简单来说，pataphore是一种描述基于假设的假设（两层假设，抛弃了现实基础）世界的工具。——译者注]

────────────

① *Exploits and Opinions of Dr Faustroll, Pataphysician.*

展。他的座右铭是"La chimie crée son objet"（"化学创造物体"）："这种艺术般的创造性让化学从本质上有别于自然科学和历史科学。"

当其他的科学在解释和描述世界和宇宙的现象时，化学家像艺术家一样在创造物体。他们不仅会复制既存的东西，还会创造见所未见的不可思议的新东西。

贝特洛就是一个很好的例子。他是合成有机化学——通过用无机物质创造出生命的化学物质来驳斥以往的活力论——的先驱之一。活力论这种观点相信活的有机体中有一种关键要素——生命活力，但在德国化学弗雷德里希·沃勒（1800—1882）于1828年用异氰酸铵（无机物）合成出了尿素（有机化合物）之后，活力论便土崩瓦解了。

正如李·克罗宁现在或许会说，如果你在寻找会出现魔法的地方，那这个地方并不在生物学中，而在早年的化学中。贝特洛以对化学过程的掌握而创造出了一系列的碳氢化合物以及天然的脂肪和糖，不正是一种魔法吗？

理解化学的三维性有多么彻底是至关重要的。立体化学研究的是原子的相对空间排列是如何构成分子结构的。在这门学科中，一个重要概念是"手性"。这个术语是开尔文爵士根据希腊语中"手"的对应词而创造出来的，所以手性的意思就是"偏向使用左手或右手的倾向"。不同的分子可以是由排列方式相似且互为镜像的相同的原子所构成的，而"排列方式相似且互为镜像"正是可能会让分子变得极为不同的关键之处。想一想用一只左手去握一只右手有多么困难。酞胺哌啶酮①——一种止吐和镇静药物——是有关构成原子互为镜像最著名的例子之一。酞胺哌啶酮的构成分子包括具有互为镜像的左旋分子和右旋分子。当这种药物在20世纪50年代面世时，虽然事实证明这种药物的左旋分子有非常有

① 亦被称为沙利度胺和反应停。——译者注

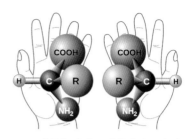

手性指的是两种氨基酸互为镜像。掌握化学彻底的三维性，是理解分子特点和行为的关键所在

手性相反的酞胺哌啶酮分子。从效果上来看，一种是有效，而另一种是具有严重危害性的。虽然只有S构形的酞胺哌啶酮会造成胎儿先天畸形，但R构形的酞胺哌啶酮会在人体中被部分转换成S构形的酞胺哌啶酮

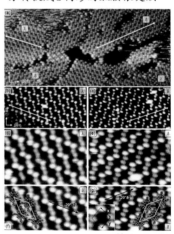

利物浦大学表面科学系采集到的手性表面图像。这里的卟啉是以一个特定方向附于铜表面的。控制表面是在表面上建造结构的基础模板

效的止吐和镇静功效，但人们并不知道右旋分子会绑定cereblon这种对胎儿肢体的形成非常重要的蛋白质，然后使之失去活性①。

手性现象最早是由路易·巴斯德于1848年在酒石酸中发现的。这种酸是在葡萄酒发酵的过程中被死酵母制造出来的，但同样可以被合成出来。天然酒石酸和合成酒石酸从表面上来看是一样的，而巴斯德想出了一种区分这两种酸的办法，这就是让偏振光穿过它们。天然酒石酸会让偏振光的平面转动，因为这种酸的所有分子都会右旋，而合成酒石酸中会左旋的分子和会右旋的分子各占一半，因此两种转动会相互抵消。

令人惊讶的是，构成地球上植物和动物生命蛋白质的所有氨基酸都是右旋的。也许在另一颗行星上，情况会是不同的，但在地球上，所有生命系统中的情况无一例外。如果构筑基元的手性是左旋和右旋相混合的，那形态便会危及功能，因为这就像把右脚的鞋穿在了左脚上：DNA可能永远都无法形成顺时针盘绕的美丽的双螺旋，而蛋白质可能永远都不能恰当地折叠，也不能正常地工作。

当我们合成化学物质时，通常总会同时产生左旋分子和右旋分子，所以就功能而言，我们能够把这两类分子区分开来是很重要的，而这正是拉斯米塔·拉瓦尔在利物浦大学表面科学研究中心的研究小组正在做出的一项重要贡献。他们正在开发的一种金属表面会推动一种只允许"单手性"分子形成的化学反应，同时在观察能被施加到特定分子制造上的惊人的控制能力。此外，他们还在逐渐掌握手性图形在一维、二维和三维空间中的形成机制。

"我们发现的自组水平让我们大为吃惊。"拉瓦尔回忆说，"下至纳米尺度，上至宏观尺度，每一个尺度上都存在着一种特定'手性'的高度规则的阵列，而相同的手性会在一代代的上层结构中一直被传承下去。"

如今，作为个体，我们（包括艺术家）真正花在创造事物上的时间正变得越来越少，而且我们同物体的关系也正变得越来越脆弱。我们的创造力现在更多是通过购物和选择体现出来的，所以注意到不易察觉和复杂的三维性存在于每个尺度上有多么重要，对我们来说是有益的。用于制造的材料和技术应该让今天成了一个属于制造的黄金时代。

****

科学和艺术群体有时会装作对对方漠不关心，各自死守着自己的一亩三分地。虽然不相往来并不意味着绝对无法取得发展，但从整体上来看，这种孤立主义是极为不利的。要想实现繁荣，而不是只是延续，那就需要交流和协作。我们对科学和艺术相互远离的看法，是以C.P.斯诺在1959年的瑞德讲座"两种文化"中指出的至今仍未被解决的自然科学和

---

① 这种药物就是20世纪中期"反应停事件"的罪魁祸首。——译者注

人文科学的分裂为中心的：

我曾多次参加过由被传统文化标准视为受过高等教育，并且对盾疑科学家的无知有着相当大的热情的人所举行的聚会。有那么一两次，我受到了挑衅，然后我问这些参加聚会的人，他们中有多少人可以讲出热力学第二定律的内容。他们回答得很冷淡：那同样是没用的东西。我没有反驳，只是问一个同科学对等的问题：你们读过莎士比亚的任何一部作品吗？

事实上，这两门学科的分歧早在斯诺之前就已被加深了。威廉·布莱克同欧洲启蒙运动的紧张关系（源于他担心这场运动或许会束缚他不切实际的观念）并不是一个特例。虽然这章开头引用了沃兹沃斯的著作，但他实际上对科学是很忧虑的。济慈也一样，牛顿的"拆分彩虹"让他十分烦恼，因为他害怕这将威胁到浪漫主义诗人的想象力①。

同科学一样，艺术也是看不见尽头的，而且我们在人文学科中的兴趣可以是多变的。有些作品可以在几千年的时间里不断地鼓动和激励着我们，但昨日的大胆发展要受到今日的重新评估。我们的发展永远会受到变化莫测的兴趣的影响。曾经新鲜的事物会慢慢地令人感到乏味，曾经迷人的事物——从不断变化着的背景来看——会逐渐让人产生新的渴望，但如果说艺术家脚下的地面是不坚实的，那科学的情况要更为糟糕。在科学中，整体形势的转变总是发生在我们又攀到了一座概念上的山峰的峰顶之时。

像能轻易地在两个阵营中站稳脚跟的列奥纳多·达·芬奇、本杰明·富兰克林、弗拉基米尔·纳博科夫和普里莫·列维这样头脑机敏的博学之人总是很少见的，而且正变得越来越稀有，而由科学家独自实现突破的日子很可能也一去不返了。科学进步正越来越依赖于多学科团队的合作。诺贝尔奖的评审现在越来越难以决定奖项应该颁给一个合作团队中的哪三位（诺贝尔奖的每个奖项最多只能被颁给三个人）科学家。科学技术正变得越来越复杂，以至于个人现在越来越难以全面地掌握哪怕只是科学的一个分支。这种情况正像马修·克劳福德在《用双手劳动的理由》②（美版标题为《作为灵魂工艺的手工艺课》③）中所描述的：从前你可以把一辆汽车开到汽车修理厂里，

斯图尔特·布兰德的《最后的全球目录》（The Last Whole Earth Catalog）（1971）。到1998年为止，《全球目录》实际上总共有18个版本，全都使用了当时最新的科学来从宏观上审视我们是如何侵占地球这颗脆弱的行星的

---

① "拆分彩虹"这一说法源于理查德·道金斯的一本著作——《拆分彩虹：科学、妄想和对惊奇的欲望》（ *Unweaving the Rainbow: Science, Delusion and Appetite for Wonder* ）。"拆分彩虹"是指牛顿把彩虹分解为了棱镜色彩，因此济慈曾半开玩笑地指责过牛顿破坏了彩虹在诗歌中营造的意境。——译者注
② *The Case for Working with Your Hands.*
③ *Shop Class as Soulcraft.*

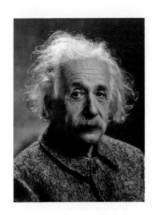

1918年的诺贝尔奖得主马克斯·普朗克。他在1900年意识到了辐射能量并不是连续的，而是处于离散的量子之中的

1921年的诺贝尔奖得主阿尔伯特·爱因斯坦。他最为著名的成就之一，是在1905年确立了原子的大小和物理现实，而这正是纳米科学的基本数据

1929年的诺贝尔奖得主路易·德布罗意。他声称所有物质都具有一种类波本质，而这直接推动了电子显微镜这种首次揭示了纳米世界轮廓的科学仪器的发明

让一名机械工把它给修好，而现在的汽车集成了电子器件，所以机械工只能依靠一台机器来分析另一台机器的问题。每一部移动电话中的技术是如此的多样和专业化，以至于没人具有能够处理所有潜在故障的专业知识。

当掌握所有的科学分支成了一件很难的事情时，成为一名精通于所有当代艺术的"文艺复兴人士"便是难上加难的，但正如我们所展示的，纳米科学需要将各门学科结合起来，以应对纳米科学的复杂性。在纳米尺度上理解世界，需要生物学家阐明自然系统，需要化学家设计、制作和控制纳米材料成分，需要数学家计算最为复杂的三维性，并为之建模，还需要物理学家洞悉基本的定量相互作用。

艺术和科学这两门曾时常将部分知识交织起来作为一个整体的学科，如今已成了两个相互独立，而且几乎没有多少共同语言的强大领域。作为斯诺那场演讲的后续，4年后，他出版了《两种文化：再度审视》[①]，并在这本书中乐观地预言了一种以第三种文化为形式的和解方式。科技杂志 Wired（网络版：www.wired.co.uk）的编辑凯文·凯利观察到了第三种文化正在以自身的意志自然地显露出来。被技术所包围，并习惯于使用技术的一代人已经成长起来了。他们的电子技术游戏和电子技术文化是基于 Xbox 和 Playstation 的。第三种文化可能会从"极客文化"—— 一种经验性，而不是实验性的文化——中起源。凯利指出："有时技术本身似乎才是明星，就像它在特效电影中那样。"在科学实验中，计算机模型可以生成为理论提供支撑的有用的数据。主流文化和主流科学正在以一种几乎别无选择的方式受到"极客文化"的影响。约翰·布罗克曼创立的网站 Edge（www.edge.org），

---

① *Two Cultures: A Second Look.*

将自身定位成了一个第三种文化组织，而且已经变成了那些在"边缘"上将科学技术不同寻常的发展全景传达给我们的人的聚集地。科学家不需要"知识分子"来充当中间人，而这些人就是知识分子，而且是正越来越愿意亲自为我们讲述科学发展的知识分子。

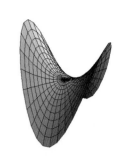

《全球目录》[①]的编辑斯图尔特·布兰德曾在自知会引起争议的情况下说："科学是唯一的新闻。当你浏览一份报纸或杂志时，所有有人情味的内容都是老一套的自说自话，政治和经济是上演过无数次的叫人难过的戏剧性事件，时尚是一种对新奇令人生厌的错觉。如果你了解科学，那甚至连技术都是可预见的。人性没怎么变过，但科学的变化很大，而且这种变化的累积，正不可逆转地改变着世界。"

"科学咖啡馆"（www.cafescientifique.org）正成为全世界的人打探有关科学领域中最新发展的第一手消息的欢聚场所。互联网本身已经成了各种团体讨论、争论和分享观点的全球"咖啡馆"。这家"咖啡馆"有一份令人垂涎的菜单，上面有"TED演讲"（www.ted.com）和"广播实验室"谈话（www.radiolab.org），还有来自于诺丁汉大学"60个科学符号"（www.sixtysymbols.com）的易于消化的"炸关键概念块"。亚当·布莱曾写道："科学就是文化。"并建立了自己的网站——Seed（www.seedmagazine.com），以推广"科学思维。用数据来发现模式，用设计来直面复杂性，连接事物以呈现系统，以新证据来跨越尺度，改变思想。尝试让70亿人以科学的方式思考"。要消除科学和艺术之间的隔阂，一个必要的条件是加深双方的互信。有人担心科学是如此的激动人心，以至于有些人会忘乎所以，变得不负责任，但相反的证据是不胜枚举的。

当罗伯特·奥本海默试图阻止原子弹的使用时，是杜鲁门总统收回了他的领导权，并斥责他是一个"爱哭鼻子的科学家"。奥本海默后来还被取消了参加秘密工作的许可。1955年，罗素–爱因斯坦宣言促成了帕格沃什科学和世界事务会议，以重新评估原子武器的危险性。在这之后，约瑟夫·罗特布拉特——帕格沃什科学和世界事务会议的秘书长

这些具有复杂的空间性的图形是由一个简洁的方程生成出来的。不受现实束缚的数学，是建立在理论图形、形状和多维空间的游戏上的。纵观历史，这种奇妙的游戏常常会出人意料地让数学获得革命性的用途。在反直觉的纳米世界中，我们的理解和操作是取决于数学的

---

① *The Whole Earth Catalog.*

马缨丹的小花在盛放之前是从立方形的花蕾开始生长的。昆虫究竟为何会欣赏这种美呢

和曼哈顿计划的参与者——提出了科学家应遵从的希波克拉底誓言[①]。

虽然我们已尽力在这本书中为大家传达纳米科学的一些令人激动之处和远大的前景了，但人们普遍对这门学科有一种忧虑。有些情况确实应被严肃对待：更小的有毒物质颗粒的毒性是更大的，而且形状确实会影响人体处理异质微粒的能力。一些自由存在于环境中的纳米颗粒可能会构成健康风险。纳米技术国际理事会（ICON[②]）是一个向大众传达纳米科学潜在的环境和健康风险的非营利性组织。

2005年，英国皇家学会在发表于《纳米科学和纳米技术》[③]上题为"机遇和不确定性"[④]的报告中，对这种情况做了评估：

很多纳米技术并不会构成新的健康风险，而且几乎所有的担忧都是被故意制造出来的自由，而非被固定在或处于一种材料内部的纳米颗粒和纳米管有关的……我们期望被固定在产品上或被嵌入在产品（例如复合材料）中的纳米颗粒或纳米管被释放出来的可能性将是很低的，但我们已向生产商提出了对产品在生命周期内的这种潜在的暴露风险进行评估，

---

① 誓言内容：我承诺将为一个更好的世界而工作。在这个世界中，科学技术是以对社会负责的方式被使用的。我绝不会将我的知识用于伤害人类和环境。在行动前，我会仔细考虑我工作的伦理意蕴。尽管我也许会受到巨大的限制，但我签署这份声明，因为我承认个人的责任是迈向和平的第一步。——译者注

② 即 International Council on Nanotechnology。——译者注

③ *Nanoscience and Nanotechnologies.*

④ Opportunities and Uncertainties.

并将他们的发现提供给相关监察机构的建议……新制造的纳米颗粒可能足以造成同正常空气污染有关的健康影响的剂量被传入人体的可能性是非常低的。

随着像纳米科学这样具有挑战性的领域的发展，很多机构正意识到，比起在研究项目完成之后再在新闻上打破沉默的这种能造成轰动效应的方式，在新的研究项目一开始的时候便同公众展开对话，能更为有效地树立公众的信心。如果我们仍旧惧怕参与到同公众的对话当中，那或许是出于这几个原因：第一，科学对自身持续不断的不确定性的颂扬，首先是令人不安的。我们迄今为止一步一个脚印地对科学达成的理解，只是增加了知识同未知事物相连接的表面区域。正如唐纳德·拉姆斯菲尔德或许会说，我们正越发清楚我们不清楚什么。另一方面，我们不知道自己不知道的，是无穷无尽的。我们可以克服这个问题，放松下来，让好奇心来引导我们。也许我们可以报名参加斯图尔特·法尔斯坦在哥伦比亚大学教授的"无知"课程。要是我们读了他写的那本《无知：它是如何驱动科学的》①，或许还能获得一个好成绩。

第二个问题是语言障碍：人文学科和自然科学都具有各自用于描述独有概念和现象的特定词汇。如果我们懒散地使用这些词汇，那别人便会觉得我们不够努力。如果我们模糊地使用这些词汇，那人们便会觉得我们有所隐瞒。我们可以在不迷恋于过分简单化的情况下追求一种内容丰富的清晰性。尼尔·德格拉斯·泰森很爱拿这个问题开玩笑。作为一名天体物理学家，他喜欢嘲笑其他学科的科学家——比如说，生物学家和地质学家——使用着冗长的专业术语（没错，可笑的地方就在于你得去查字典）。他说："在我的学科中，我们骄傲地使用着简单的单音节词语。我们说着'黑洞'，谈论着'大爆炸'和'太阳黑点'，我们的概念已经够难理解了，没必要再玩绕口令了。"

另一个问题在于数学，吓人的公式和方程，不过这是没办法的。我们用于描述词语的语言要远落后于我们对一些难懂的科学概念的理解。数学语言能更好地对言语难以表述清楚的东西做出描述和预测。

公式是一种数学隐喻或类比。它们表示的是"这些"和"那个"是相同，能帮助我更好地理解"那个"或许是什么，以及对我们有何用处。方程是一种能说明不同变量间相互关系的特殊方程。变量就像是演员，它们的角色会在我们看到它们互动的时候展现出来。鉴赏家认为有些公式和方式具有一种由简练和精确所带来的独特的美感。图表也是很有用的，而且没有公式和方程那么令人费解，不过科学解释终归是需要笔和纸的，所以这至少会让艺术家觉得轻松不少。

以波粒二象性之谜为例。普朗克、爱因斯坦和德布罗意分别从热量、光线和物质的角度发现了这种现象，重新编织了能量彩虹。这个问题让像威廉·布拉格爵士这样杰出的科

---

① *Ignorance: How It Drives Science.*

学家流露出了他们的困惑，他们无法理解这样的说法："上帝会在星期一，星期三和星期五用波动理论来驱动电磁力，而魔鬼会在星期二，星期四和星期六用量子理论来驱动它们。"我们至今都没有找到能真真切切地描述这些观点的语言，但我们一直在发展能让我们用有效而精准的计算来审视这种现象的数学。对于我们中落后于数学发展的人来说，我们不应该为自己难以理解这些不确定性而郁郁寡欢，因为正有越来越多的科学阐释者愿向我们伸出援手。我们或许永远也不会有机会去驾驶火车，但我们可以享受旅途，而且在路途中，我们会看到比幻想更为奇异的真实。科学只是我们的另一只镜头，一只有着更为清晰的分辨率的镜头。通过这只镜头，我们能看到我们自己和诺大的宇宙。

正如理查德·费曼在谈论他同一名艺术家对一朵玫瑰花的反应的时候所做的解释：

首先，他看到的美，我相信是我和其他人也可以看到的，尽管我或许没有他那么高的美学修养，但我还是能欣赏一朵花的美的。

与此同时，我从这朵花中看到的东西比他看到的要多得多。我可以想象这朵花里的细胞，细胞内部复杂的活动，同样具有一种美。我的意思是，美不仅存在于厘米级的尺度上，在更小的尺度上——内部结构，还有过程——同样存在着美。

花朵进化出颜色为的是吸引昆虫来授粉的这个事实是很有趣的，因为这意味着昆虫可以看见颜色。

这带来了一个问题：美感同样存在于较为低等的生命形式之中吗？又为何会给人以美感呢？科学知识只会将各种有趣的问题增添到一朵花能够叫人感受到的激动、神秘和敬畏当中。

科学只会增加美。我不明白怎么会减少。

扩展阅读

Abbott, Edwin, *The Annotated Flatland: A Romance of many Dimensions*, Notes by Ian Stewart (Basic Books, 2002).

Ball, Philip, *Made to Measure: New Materials for the 21st Century* (Princeton University Press, 1999).

Ball, Philip, *H₂O: A Biography of Water* (Phoenix, 2000).

Ball, Philip, *Flow – Nature's Patterns: A Tapestry in Three Parts – Shapes, Flow, Branches* (Oxford University Press, 2011).

Bly, Adam, *Science is Culture* (Harper Perennial, 2010).

Breidbach, Olaf, *Art Forms from the Ocean: The Radiolarian Prints of Ernst Haeckel* (Prestel, 2005).

Dawkins, Richard, *Unweaving the Rainbow: Science, Delusion and the Appetite for Wonder* (Penguin, 2006).

Deffeyes, Kenneth S. and Stephen E., *Nanoscale: Visualizing an Invisible World* (MIT Press, 2009).

Feynman, Richard, *Six Easy Pieces: Fundamentals of Physics Explained* (Penguin, 1998).

Firestein, Stuart, *Ignorance: How it Drives Science* (Oxford University Press USA, 2012).

Forbes, Peter, *The Gecko's Foot* (Harper Perennial, 2006).

Frankel, Felice C. and Whitesides, George M., *No Small Matter: Science on the Nanoscale* (Harvard, 2009).

Gamwell, Lynn, *Exploring the Invisible: Art, Science and the Spiritual* (Princeton University Press, 2002).

Gordon, J. E., *Structures: Or Why Things Don't Fall Down* (DaCapo Press, 2003).

Gordon , J. E., *The New Science of Strong Materials: Or Why You Don't Fall Through the Floor* (Penguin, 1991).

Hoffmann, Peter M., *Life's Ratchet: How Molecular Machines Extract Order from Chaos* (Basic Books, 2012).

Holmes, Richard, *The Age of Wonder: How the Romantic Generation Discovered the Beauty and Terror of Science* (HarperPress, 2009).

Huizinga, Johan, *Homo Ludens: A study of Play-Element in Culture* (Routledge, 1949).

Jennings, Humphrey, *Pandaemonium: The Coming of the Machine As Seen by Contemporary Observers* (Icon Books, 2012).

Jones, Richard A. L., *Soft Machines: Nanotechnology and Life* (Oxford University Press, 2007).

Lane, Nick, *Life Ascending: The Ten Great Inventions of Evolution* (Profile, 2010).

Hugill, Andrew, *'Pataphysics: A Useless Guide* (MIT Press, 2012).

Kuhn, Thomas, *The Structure of Scientific Revolutions: 50th Anniversary Edition* (University of Chicago Press, 2012).

Pross, Addy, *What is Life?: How chemistry becomes biology* (OUP, 2012).

Roberts, Siobhan, *King of Infinite Space: Donald Coxeter, the Man who Saved Geometry* (Walker & Company, 2006).

Rutherford, Adam, *Creation: The Origin of Life / The Future of Life* (Penguin, 2014).

Schrödinger, Erwin, *What is Life? With Mind and Matter and Autobiographical Sketches* (Cambridge University Press, 2012).

Scientific American, *Understanding Nanotechnology* (Little Brown, 2003).

Shattuck, Roger, *The Banquet Years: The Origins of the Avant-Garde in France, 1885 to World War I* (Vintage, 1988).

Sokal, Alan and Bricmont, Jean, *Fashionable Nonsense: Postmodern Intellectuals' Abuse of Science* (St Martin's Press, 1999).

Thompson, D'Arcy Wentworth, *On Growth and Form*, edited by John Tyler Bonner (Cambridge University Press, 1992).

Whelan, Robert (ed), *From Two Cultures to No Culture: C. P. Snow's Two Cultures Lecture Fifty Years On* (Civitas, 2011).

索 引

致　谢

本书源于英国工程和自然科学研究委员会（EPSRC）的"无穷小的庞然大物"计划。这项计划聚集了来自布赖顿大学、剑桥大学、格拉斯哥大学、利物浦大学、曼彻斯特大学、诺丁汉大学和谢菲尔德大学的艺术家和科学家。计划成果在曼彻斯特科学和工业博物馆（MOSI）和谢菲尔德的麦格纳科学探险中心进行了展览。

为了这本书，我们对世界领先的纳米科学中心进行了广泛的研究。我们要感谢为我们解答过疑问，还有为本书提供了图片的下列研究者和其他人士：

相田卓三、乔安娜·艾森伯格、杰瑞米·鲍姆伯格、安德鲁·博卡斯利、阿什利·卡德比、格劳斯·塞尔韦拉、乔治·彻奇、丹尼尔·科克林、大卫·科恩-塔努吉、杰夫·库珀、李·克罗宁、马修·达尔比、卡尔-海因茨·恩斯特、吉亚科莫·法耶拉、本·费林加、亚历克斯·芬尼莫尔、汤姆·弗莱蒙斯、尼古拉·盖德加德、马尔特·加特、安德烈·海姆、詹姆斯·格拉汉姆、利奥·格罗斯、山姆·哈克、唐纳德·因格贝尔、理查德·琼斯、罗伯特·琼斯、爱德华·卡克、西奥·卡库法、大卫·卡普兰、金弼锡、近藤茂、尼古拉斯·科托夫、托德·克劳斯、梅利莎·罗格朗、陆述义、罗南·麦格拉斯、宫泽清太、冈特·莫巴斯、菲利普·莫里亚蒂、米兰·莫克西奇、古尔鲁·内奇波格鲁、珍妮·尼斯贝特、维姆·怒杜因、康斯坦丁·诺沃肖洛夫、菲奥伦佐·奥梅内托、亚历克斯·帕菲特、朴洪植、纪尧姆·波米耶、马克·波斯特、理查德·普兰、拉斯米塔·拉瓦尔、桑德拉·罗森塔尔、史蒂夫·斯佩莱、乌尔里希·斯坦纳、H.高仓、A.P.蔡、安德鲁·特伯菲尔德、玛丽·泰勒、西尔维娅·维尼奥利尼、大卫·温德尔、乔治·怀特塞德、艾米·温特斯、乔希·伍德、吴军桥、埃利·雅布罗诺维奇、理查德·扎雷。

图书在版编目（CIP）数据

无穷小的巨人 /（英）彼得·福布斯（Peter Forbes），（英）汤姆·格里姆塞（Tom Grimsey）著；
刘天峄译著. —长沙：湖南科学技术出版社，2019.10
ISBN 978-7-5710-0012-7

Ⅰ.①无…　Ⅱ.①彼…②刘…　Ⅲ.①科学技术—普及读物　Ⅳ.①N49

中国版本图书馆CIP数据核字（2018）第281914号

湖南科学技术出版社通过中国台湾博达著作权代理公司获得本书中文简体版中国大陆独家出版发行权

著作权合同登记号 18-2019-207

WUQIONGXIAO DE JUREN
无穷小的巨人

著　　者：[英] 彼得·福布斯 [英] 汤姆·格里姆塞
译　　者：刘天峄
责任编辑：杨波　李蓓　孙桂均　吴炜
出版发行：湖南科学技术出版社
社　　址：长沙市湘雅路276号
　　　　　http://www.hnstp.com
湖南科学技术出版社天猫旗舰店网址：
　　　　　http://hnkjcbs.tmall.com
印　　刷：湖南天闻新华印务有限公司
　　　　　（印装质量问题请直接与本厂联系）
厂　　址：湖南望城·湖南出版科技园
版　　次：2019年10月第1版
印　　次：2019年10月第1次印刷
开　　本：710mm×970mm　1/16
印　　张：12.25
字　　数：150000
书　　号：ISBN 978-7-5710-0012-7
定　　价：68.00元
（版权所有·翻印必究）